LIBRARY 工学基礎 & 高専TEXT

E2

線形代数問題集［第2版］

河東泰之・監修

佐々木良勝／鈴木香織／竹縄知之・共編著

数理工学社

LIBRARY 工学基礎 & 高専 TEXT について

LIBRARY 工学基礎 & 高専 TEXT は 2012 年から 2015 年にかけて『基礎数学』,『線形代数』,『微分積分』,『応用数学』を刊行した．そして，このたび改訂の第 1 弾として，『基礎数学 [第 2 版]』を出版することとなった．この後，『線形代数 [第 2 版]』(2022 年秋)，『微分積分 [第 2 版]』(2023 年秋)，『応用数学 [第 2 版]』および新たに『確率統計』(2024 年秋) と刊行を続けていく予定であり，また『応用数学』を除いた教科書には，それぞれに対応した問題集 (の第 2 版) も別に出版される．

数学があらゆる科学技術の基礎であるということはよく言われる．しかし，小学校低学年で習う算数が日常生活で必要なことは誰の目にも明らかなのに対し，より進んだ数学が，どのように実社会で有用なのかは，残念ながらそれほどわかりやすくはない．だが実際に数学，特に本ライブラリが対象としているような数学は日常生活のあらゆる面で (多くの場合表面からは直接見えない形で) 使われているのである．これらの数学がなければ，携帯電話はつながらないし，飛行機も飛ばないし，AI ソフトも動かないし，病気治療の有効性も判定できないのである．もし数学という手段を持っていなかったとしたら，我々は今でも江戸時代と変わりないような生活をしていることであろう．

コンピュータ技術の爆発的な進展に伴い，数学的な考え方の重要性もまた飛躍的に高まっている．最近社会的インパクトが盛んに強調されるデータサイエンスの基礎も数学の塊である．世界の人類は今もさまざまな危機にさらされているが，社会の構成員がどれだけのレベルの数学的理解を持っているかどうかに，我々の未来はかかっているのである．

そこで本ライブラリは，そのような未来を切り開く数学の力を身につける大きな手助けとなるようにと書かれたものである．最も基礎的なところから始め，丁寧な解説を加えて一歩ずつ進んでいくことを心がけた．これによって，単なる目先の試験だけではなく，一生使っていける数学の深い知識が身につくようになることを目指したものである．数学を理解するという深い楽しみと喜びを味わってもらえるように願っている．

2021 年秋

監修者　河東　泰之

第2版まえがき

数学は知識の体系であると同時に技術の体系でもあり，音楽・スポーツ・武道・技芸・遊戯などと同様，その十全な運用にはある程度の習熟が必要となる．

本ライブラリの問題集では，学習者が教科書の学習によって得た知識の運用に習熟し，実践にたえ得る十全な運用力を身につけるために必要十分な量の演習問題を準備し，習熟度の階梯に沿って易しい方から順に次の 3 つに分類した．

A 問題：教科書に載っている事項を適用すればできる問題．

B 問題：ひとひねりした応用問題．適当な例題が付されている．

C 問題：大学編入試験問題およびそれに準じるレベルの発展問題．

音楽や運動に例えるなら，A 問題は反復練習すべき基本，B 問題は基本を組み合わせた一連の動作の練習である．例題は指導者の実演に相当する．よく見ること・まねることも稽古のうちである．C 問題はいうなれば舞台や試合である．

改訂にあたり，基本方針は堅持しつつ，より見やすい構成になるよう全面的に見直した．また，例題，問題の難易度を見直し，基本的な問題を充実させた．

本巻で扱う線形代数は現代社会において欠くことのできない数学的なツールとして認知されている．しかし，特別難しい学習内容ではなく，ある見方をすれば連立方程式を突き詰めてゆくと線形代数という学問体系が現れてくるといってもよいであろう．本書では，幾分高度な証明や内容には ♣ を付し，本文よりひとまわり小さい文字で記述し，取り扱いの選択ができるように配慮した．また，行列式の章では前半部分の 3.1 節と 3.2 節を学べば基礎的な行列式の計算ができるようになる配慮をした．また，4.2 節のベクトル空間の節は ♣ が付してあり，進んで学びたい学生のために自学自習できるように配慮した．今回の改訂において，初版の読者から頂いたご意見をもとに，読者目線での線形代数の教科書を目指し，改善に努めた．本書を学び終えたとき，読者が線形代数の美しい世界を感じられれば，我々の試みは成功したといえよう．

この出版計画に際してお声をお掛けくださり，またご監修いただいた東京大学の河東泰之先生に，この場を借りて敬愛と感謝の念を表したい．

2022 年秋　　　　編著者・執筆者一同

目　次

5 固有値と対角化

教はその問題に対して教科書『線形代数 [第 2 版]』の参考となる問，例題などです．
C 発展問題の解答はサイエンス社・数理工学社ホームページ

https://www.saiensu.co.jp

のサポートページにあります．

1 ベクトル

1.1 平面ベクトル

ベクトルの和・差 ベクトル $\overrightarrow{a}$, $\overrightarrow{b}$, $\overrightarrow{c}$ に対して，次が成り立つ．

(1) $\overrightarrow{a}+\overrightarrow{b}=\overrightarrow{b}+\overrightarrow{a}$ （交換法則）

(2) $(\overrightarrow{a}+\overrightarrow{b})+\overrightarrow{c}=\overrightarrow{a}+(\overrightarrow{b}+\overrightarrow{c})=\overrightarrow{a}+\overrightarrow{b}+\overrightarrow{c}$ （結合法則）

(3) $\overrightarrow{a}+\overrightarrow{0}=\overrightarrow{0}+\overrightarrow{a}=\overrightarrow{a}$ （零ベクトルの性質）

(4) $\overrightarrow{a}-\overrightarrow{a}=\overrightarrow{a}+(-\overrightarrow{a})=(-\overrightarrow{a})+\overrightarrow{a}=\overrightarrow{0}$ （逆ベクトルの性質）

ベクトルの実数倍 ベクトル $\overrightarrow{a}$, $\overrightarrow{b}$，実数 k, l に対して，次が成り立つ．

(1) $(kl)\overrightarrow{a}=k(l\,\overrightarrow{a})$ （結合法則）

(2) $(k+l)\overrightarrow{a}=k\,\overrightarrow{a}+l\,\overrightarrow{a}$ （分配法則 I）

(3) $k(\overrightarrow{a}+\overrightarrow{b})=k\,\overrightarrow{a}+k\,\overrightarrow{b}$ （分配法則 II）

(4) $0\,\overrightarrow{a}=\overrightarrow{0}$, $k\,\overrightarrow{0}=\overrightarrow{0}$ （実数倍の性質 I）

(5) $1\,\overrightarrow{a}=\overrightarrow{a}$, $(-1)\overrightarrow{a}=-\overrightarrow{a}$ （実数倍の性質 II）

(6) $|k\,\overrightarrow{a}|=|k||\overrightarrow{a}|$ （実数倍の性質 III）

ベクトルの成分表示による計算 $\overrightarrow{a}=(a_1,a_2)$, $\overrightarrow{b}=(b_1,b_2)$，実数 k に対して，次が成り立つ．

(1) $\overrightarrow{a}=\overrightarrow{b} \iff a_1=b_1,\ a_2=b_2$

(2) $|\overrightarrow{a}|=\sqrt{a_1^2+a_2^2}$

(3) $\overrightarrow{a}\pm\overrightarrow{b}=(a_1\pm b_1, a_2\pm b_2)$ （複号同順）

(4) $k\,\overrightarrow{a}=(ka_1, ka_2)$

平面上の任意のベクトルの成分表示　2点 $\mathrm{A}(a_1, a_2)$, $\mathrm{B}(b_1, b_2)$ に対して

$$\overrightarrow{\mathrm{AB}} = \overrightarrow{\mathrm{OB}} - \overrightarrow{\mathrm{OA}} = (b_1 - a_1, b_2 - a_2) \quad \text{（成分表示）}$$

ベクトルの内積と成分表示による計算　$\overrightarrow{0}$ でない 2 つのベクトル $\overrightarrow{a} = (a_1, a_2)$, $\overrightarrow{b} = (b_1, b_2)$ に対して，$\overrightarrow{a}$ と $\overrightarrow{b}$ のなす角を θ（$0 \leqq \theta \leqq \pi$）としたとき

(1)　$\overrightarrow{a} \cdot \overrightarrow{b} = |\overrightarrow{a}||\overrightarrow{b}|\cos\theta = a_1b_1 + a_2b_2$

(2)　$\cos\theta = \dfrac{\overrightarrow{a} \cdot \overrightarrow{b}}{|\overrightarrow{a}||\overrightarrow{b}|} = \dfrac{a_1b_1 + a_2b_2}{\sqrt{a_1^2 + a_2^2}\sqrt{b_1^2 + b_2^2}}$

内積の性質　ベクトル $\overrightarrow{a}$, $\overrightarrow{b}$, $\overrightarrow{c}$ に対して，次が成り立つ．

(1)　$\overrightarrow{a} \cdot \overrightarrow{a} = |\overrightarrow{a}|^2$

(2)　$\overrightarrow{a} \cdot \overrightarrow{b} = \overrightarrow{b} \cdot \overrightarrow{a}$

(3)　$(k\overrightarrow{a}) \cdot \overrightarrow{b} = \overrightarrow{a} \cdot (k\overrightarrow{b}) = k(\overrightarrow{a} \cdot \overrightarrow{b})$　（k は実数）

(4)　$\overrightarrow{a} \cdot (\overrightarrow{b} \pm \overrightarrow{c}) = (\overrightarrow{b} \pm \overrightarrow{c}) \cdot \overrightarrow{a} = \overrightarrow{a} \cdot \overrightarrow{b} \pm \overrightarrow{a} \cdot \overrightarrow{c}$　（複号同順）

A

1　1目盛りの大きさが1である図のベクトル $\overrightarrow{a}$, $\overrightarrow{b}$, $\overrightarrow{c}$ について，次のベクトルを図示せよ．

教問 1.1〜1.3

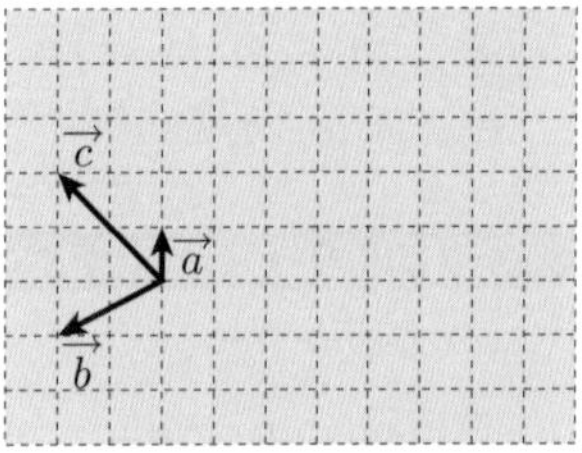

(1)　$2\overrightarrow{a}$　　(2)　$-\overrightarrow{a} + \overrightarrow{c}$

(3)　$-2\overrightarrow{a} - 2\overrightarrow{b}$　　(4)　$3\overrightarrow{a} - 2\overrightarrow{b} - 2\overrightarrow{c}$

2　$|\overrightarrow{\mathrm{AB}}| = 2$, $|\overrightarrow{\mathrm{AD}}| = 4$ の平行四辺形 ABCD について，辺 BC を 3 : 1 に内分する点を E，辺 AD の中点を F とする．$\overrightarrow{a} = \overrightarrow{\mathrm{AB}}$, $\overrightarrow{b} = \overrightarrow{\mathrm{AD}}$ とおいたとき，次のベクトルを $\overrightarrow{a}$, $\overrightarrow{b}$ で表せ．

教問 1.4, 1.5

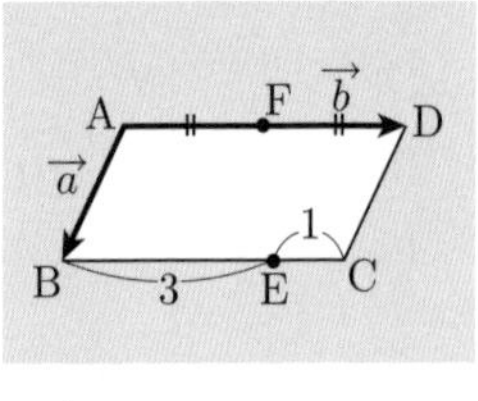

(1)　$\overrightarrow{\mathrm{AC}}$　　(2)　$\overrightarrow{\mathrm{BD}}$　　(3)　$\overrightarrow{\mathrm{BE}}$　　(4)　$\overrightarrow{\mathrm{AE}}$

(5)　$\overrightarrow{\mathrm{DE}}$　　(6)　$\overrightarrow{\mathrm{EF}}$　　(7)　$\dfrac{1}{|\overrightarrow{\mathrm{AB}}|}\overrightarrow{\mathrm{AB}}$　　(8)　$\dfrac{1}{|\overrightarrow{\mathrm{CB}}|}\overrightarrow{\mathrm{CB}}$

3　次の式を簡単にせよ．　教問 1.6

(1)　$2(4\vec{a}-5\vec{b})+3(\vec{b}-2\vec{a})$　　(2)　$-2\left(\dfrac{2}{3}\vec{a}+\vec{b}\right)+2\left(\dfrac{3}{5}\vec{b}+\vec{a}\right)$

4　次の式が与えられたとき，$\vec{x}$, $\vec{y}$ を $\vec{a}$, $\vec{b}$ で表せ．　教問 1.7

(1)　$2(3\vec{a}+\vec{x})-3\vec{x}=3(\vec{a}-2\vec{b})$　　(2)　$4(\vec{a}-3\vec{x})+5(\vec{b}-\vec{a})=\vec{0}$

(3)　$\begin{cases} 4\vec{x}+2\vec{y}=-\vec{b} \\ 5\vec{x}+3\vec{y}=2\vec{a} \end{cases}$　　(4)　$\begin{cases} 5\vec{x}+3\vec{y}=2\vec{a}-3\vec{b} \\ 2\vec{x}+2\vec{y}=-\vec{a}-\vec{b} \end{cases}$

5　$\vec{a}=(2,1)$, $\vec{b}=(-1,-1)$, $\vec{c}=(0,3)$ のとき，次のベクトルの成分表示とその大きさを求めよ．　教問 1.8

(1)　$\vec{a}-\vec{b}$　　(2)　$3\vec{a}-2\vec{b}$　　(3)　$3\vec{a}+\vec{b}+2\vec{c}$

6　$\vec{a}=(x-6,1)$, $\vec{b}=(-2,y)$ のとき，$2\vec{a}+\vec{b}=\vec{0}$ となるよう実数 x, y の値を求めよ．　教問 1.8

7　$\vec{a}=(3,-2)$, $\vec{b}=(-4,3)$ であるとき，次のベクトルを $m\vec{a}+n\vec{b}$ の形で表せ．　教問 1.9

(1)　$\vec{x}=(7,-5)$　　(2)　$\vec{y}=(-4,5)$

8　$\mathrm{A}(1,3)$, $\mathrm{B}(-4,2)$, $\mathrm{C}(2,-3)$, $\mathrm{D}(1,3)$ のとき，次のベクトルの成分表示とその大きさを求めよ．　教問 1.10

(1)　$\overrightarrow{\mathrm{AB}}$　　(2)　$2\overrightarrow{\mathrm{BC}}$　　(3)　$\overrightarrow{\mathrm{CA}}$　　(4)　$\overrightarrow{\mathrm{DA}}+\overrightarrow{\mathrm{AB}}$

9　$\mathrm{A}(2,5)$, $\mathrm{B}(3,4)$, $\mathrm{C}(5,6)$ に対して次の問いに答えよ．　教問 1.11

(1)　$\overrightarrow{\mathrm{AB}}$ と同じ向きの単位ベクトルの成分表示を求めよ．

(2)　$\overrightarrow{\mathrm{AB}}$ と同じ向きで大きさ 5 のベクトルの成分表示を求めよ．

(3)　$\overrightarrow{\mathrm{AC}}$ と逆向きで大きさ 3 のベクトルの成分表示を求めよ．

10　$\vec{a}$, $\vec{b}$ の大きさ, およびなす角 θ が次のように与えられたとき, 内積 $\vec{a}\cdot\vec{b}$ を求めよ．　教問 1.12

(1)　$|\vec{a}|=\sqrt{2}$, $|\vec{b}|=3\sqrt{2}$, $\theta=\dfrac{\pi}{3}$　　(2)　$|\vec{a}|=2$, $|\vec{b}|=3\sqrt{2}$, $\theta=\dfrac{3}{4}\pi$

(3)　$|\vec{a}|=3$, $|\vec{b}|=2^{\frac{5}{2}}$, $\theta=\dfrac{\pi}{6}$　　(4)　$|\vec{a}|=4$, $|\vec{b}|=5$, $\theta=\pi$

11　図の $\triangle$ABC は $\mathrm{AB}=\mathrm{AC}=2$ でありかつ $B=C=\dfrac{\pi}{6}$ である二等辺三角形である．点 C から線分 BA の延長線上へ垂線を下ろし，その交点を H とするとき，次の内積を求めよ．　**教問 1.13**

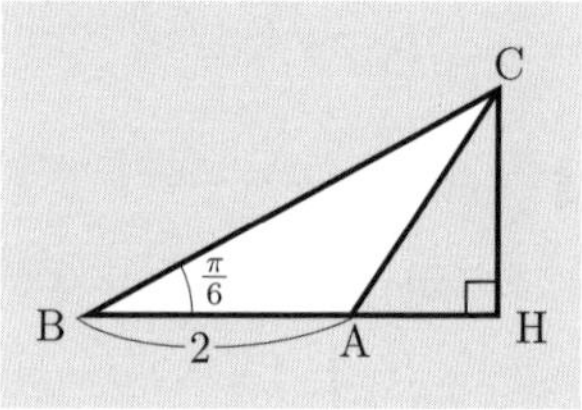

(1)　$\overrightarrow{\mathrm{AB}}\cdot\overrightarrow{\mathrm{AC}}$　　(2)　$\overrightarrow{\mathrm{AB}}\cdot\overrightarrow{\mathrm{HA}}$

(3)　$\overrightarrow{\mathrm{AB}}\cdot\overrightarrow{\mathrm{CA}}$　　(4)　$\overrightarrow{\mathrm{BC}}\cdot\overrightarrow{\mathrm{CA}}$

(5)　$\overrightarrow{\mathrm{CH}}\cdot\overrightarrow{\mathrm{AB}}$　　(6)　$\overrightarrow{\mathrm{BC}}\cdot\overrightarrow{\mathrm{HA}}$

12　$\overrightarrow{a}$, $\overrightarrow{b}$ の成分が次のように与えられたとき，内積 $\overrightarrow{a}\cdot\overrightarrow{b}$ を求めよ．

教問 1.14

(1)　$\overrightarrow{a}=(\sqrt{5},-1)$, $\overrightarrow{b}=(2\sqrt{5},8)$　　(2)　$\overrightarrow{a}=(-1,2)$, $\overrightarrow{b}=(1,3)$

(3)　$\overrightarrow{a}=(-2,1)$, $\overrightarrow{b}=(3,1)$　　(4)　$\overrightarrow{a}=(3,2)$, $\overrightarrow{b}=(1,5)$

13　次で与えられた $\overrightarrow{a}$ と $\overrightarrow{b}$ に対して，$\overrightarrow{a}$ と $\overrightarrow{b}$ のなす角 θ を求めよ．

教問 1.15

(1)　$\overrightarrow{a}=(\sqrt{2},2\sqrt{2})$, $\overrightarrow{b}=(-1,3)$

(2)　$\overrightarrow{a}=(2\sqrt{3},4)$, $\overrightarrow{b}=(-3\sqrt{3},1)$

(3)　$\overrightarrow{a}=(2,2)$, $\overrightarrow{b}=(\sqrt{3}-1,1+\sqrt{3})$

(4)　$\overrightarrow{a}=(1,-2)$, $\overrightarrow{b}=(-3,1)$

14　$|\overrightarrow{a}|=2$, $|\overrightarrow{b}|=3$, $\overrightarrow{a}\cdot\overrightarrow{b}=-3$ のとき，次の値を求めよ．　**教問 1.16**

(1)　$(\overrightarrow{a}-2\overrightarrow{b})\cdot(3\overrightarrow{a}+\overrightarrow{b})$　　(2)　$|\overrightarrow{a}+\overrightarrow{b}|^2$

(3)　$|\overrightarrow{a}+\overrightarrow{b}|$　　(4)　$|3\overrightarrow{a}+2\overrightarrow{b}|$

15　$\overrightarrow{a}=(2,-1)$, $\overrightarrow{b}=(1,2)$ のとき，$\overrightarrow{a}\cdot(\overrightarrow{a}+2\overrightarrow{b})$ を求めよ．　**教問 1.16**

16　$|\overrightarrow{a}|=\sqrt{2}$, $|\overrightarrow{b}|=2\sqrt{2}$, $|\overrightarrow{a}+\overrightarrow{b}|=\sqrt{6}$ のとき，次の問いに答えよ．

教問 1.17

(1)　$\overrightarrow{a}\cdot\overrightarrow{b}$ の値を求めよ．　　(2)　$\overrightarrow{a}$ と $\overrightarrow{b}$ のなす角 θ を求めよ．

B

例題 1.1　4 点 A(1, 4), B(−3, 1), C(−1, −1), D を頂点とする四角形 ABCD が平行四辺形となるように点 D の座標を定めよ．

解く前に　四角形 ABCD が平行四辺形であるためには $\overrightarrow{\mathrm{AD}}=\overrightarrow{\mathrm{BC}}$ となればよい．

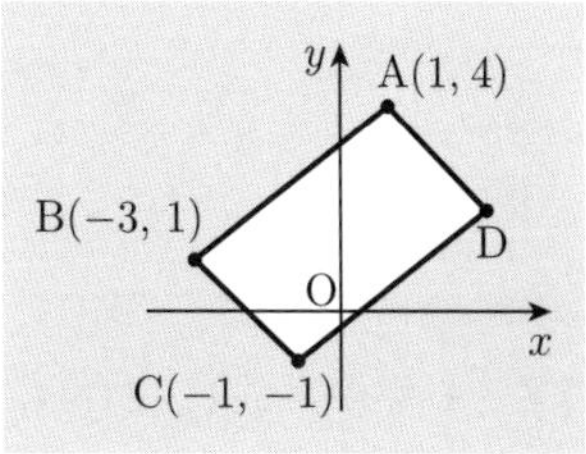

解　求める頂点 D の座標を $\mathrm{D}(x, y)$ とおくと

$$\overrightarrow{\mathrm{AD}}=(x,y)-(1,4)=(x-1,y-4)$$

$$\overrightarrow{\mathrm{BC}}=(-1,-1)-(-3,1)=(2,-2)$$

$(x-1,y-4)=(2,-2)$ より，$x=3,\ y=2$

　これより D(3, 2)　■

例題 1.2　$\vec{a}=(-1,3)$, $\vec{b}=(1,-2)$, $\vec{c}=\vec{a}+t\,\vec{b}$ とするとき，次の問いに答えよ．

(1)　$|\vec{c}|=\sqrt{13}$ であるような t の値を求めよ．

(2)　$|\vec{c}|$ が最小となるような t の値とその最小値を求めよ．

解　(1)

$$|\vec{c}|^2=(\vec{a}+t\,\vec{b})\cdot(\vec{a}+t\,\vec{b})$$
$$=|\vec{a}|^2+2t\,\vec{a}\cdot\vec{b}+t^2|\vec{b}|^2$$

　ここで

$$|\vec{a}|=\sqrt{10},\quad |\vec{b}|=\sqrt{5},\quad \vec{a}\cdot\vec{b}=-7$$

より

$$|\vec{c}|^2=5t^2-14t+10\quad\cdots①$$

また，$|\vec{c}|=\sqrt{13}$ であるので，①は

$$5t^2-14t-3=0$$

これより $(t-3)(5t+1)=0$ となり，$t=3,-\dfrac{1}{5}$

(2) ①より

$$|\overrightarrow{c}|^2 = 5t^2 - 14t + 10 = 5\left(t^2 - \frac{14}{5}t\right) + 10$$

$$= 5\left\{\left(t - \frac{7}{5}\right)^2 - \frac{49}{25}\right\} + 10 = 5\left(t - \frac{7}{5}\right)^2 + \frac{1}{5}$$

ゆえに，$t = \dfrac{7}{5}$ のとき，最小値 $\dfrac{1}{\sqrt{5}}$ ■

---

17 4点 $\mathrm{A}(-2, 1)$, $\mathrm{B}(-4, -3)$, $\mathrm{C}(4, 2)$, D を頂点とする平行四辺形 ABCD がある．このとき頂点 D の座標を求めよ．

18 $\overrightarrow{a} = (1, 1)$, $\overrightarrow{b} = (-2, 1)$, $\overrightarrow{c} = \overrightarrow{a} + t\,\overrightarrow{b}$ とするとき，次の問いに答えよ．

(1) $|\overrightarrow{c}|$ が最小となるような t の値とその最小値を求めよ．

(2) $-1 \leqq t \leqq 1$ のとき，$|\overrightarrow{c}|$ の最大値と最小値とそれらを与える t の値を求めよ．

19 ベクトル $\overrightarrow{a}$, $\overrightarrow{b}$ が $|\overrightarrow{a} + \overrightarrow{b}| = 2$, $|\overrightarrow{a} - \overrightarrow{b}| = 1$ を満たすとき，$|3\overrightarrow{a} - 2\overrightarrow{b}|^2 + |2\overrightarrow{a} - 3\overrightarrow{b}|^2$ の値を求めよ．

20 $\overrightarrow{a} = (3, 1)$ と $\overrightarrow{b} = (2, x)$ のなす角が $\dfrac{\pi}{4}$ であるとき，x の値を求めよ．

21 $\mathrm{O}(0, 0)$, $\mathrm{A}(3, -2)$, $\mathrm{B}(2, 4)$ のとき，次の問いに答えよ．

(1) $\angle\mathrm{AOB} = \theta$ $(0 \leqq \theta \leqq \pi)$ とするとき，$\sin\theta$ の値を求めよ．

(2) $\triangle\mathrm{OAB}$ の面積を求めよ．

解く前に (1) $\cos\theta$ の値を求め，$0 \leqq \theta \leqq \pi$ より $\sin\theta = \sqrt{1 - \cos^2\theta}$ であることから求められる．

(2) $\triangle\mathrm{ABC}$ の面積を S とおくと，$S = \dfrac{1}{2}|\overrightarrow{\mathrm{OA}}||\overrightarrow{\mathrm{OB}}|\sin\theta$ である．

1.2 平面ベクトルの図形への応用

ベクトルの平行・垂直条件　$\overrightarrow{a} \neq \overrightarrow{0}$, $\overrightarrow{b} \neq \overrightarrow{0}$ であるとき

$$\overrightarrow{a} \parallel \overrightarrow{b} \iff \overrightarrow{b} = k\overrightarrow{a} \text{ となる実数 } k \text{ が存在する}$$
$$\overrightarrow{a} \perp \overrightarrow{b} \iff \overrightarrow{a} \cdot \overrightarrow{b} = 0$$

内分点・外分点の位置ベクトル　2 点 $A(\overrightarrow{a})$, $B(\overrightarrow{b})$ について，線分 AB を $m:n$ に**内分**する点を $P(\overrightarrow{p})$，$m:n$ に**外分**する点を $Q(\overrightarrow{q})$ および線分 AB の**中点**を $R(\overrightarrow{r})$ とするとき

$$\overrightarrow{p} = \frac{n\overrightarrow{a} + m\overrightarrow{b}}{m+n}, \quad \overrightarrow{q} = \frac{-n\overrightarrow{a} + m\overrightarrow{b}}{m-n}, \quad \overrightarrow{r} = \frac{\overrightarrow{a} + \overrightarrow{b}}{2}$$

直線のベクトル方程式　点 $A(\overrightarrow{a})$ を通り，$\overrightarrow{v} \neq \overrightarrow{0}$ に平行な直線 l 上の任意の点を $P(\overrightarrow{p})$，媒介変数を t と表したとき，直線 l のベクトル方程式は

$$\overrightarrow{p} = \overrightarrow{a} + t\overrightarrow{v}$$

特に，$\overrightarrow{p} = (x, y)$, $\overrightarrow{a} = (x_0, y_0)$, $\overrightarrow{v} = (\alpha, \beta)$ のとき，l の媒介変数表示は

$$(x, y) = (x_0, y_0) + t(\alpha, \beta) \iff \begin{cases} x = x_0 + \alpha t \\ y = y_0 + \beta t \end{cases}$$

直線の法線ベクトル　直線 $l: ax + by + c = 0$ の**法線ベクトル**の一つは

$$\overrightarrow{n} = (a, b)$$

円のベクトル方程式　点 $A(\overrightarrow{a})$ を中心とし，半径 r の円上の任意の点を $P(\overrightarrow{p})$ としたとき，円のベクトル方程式は

$$|\overrightarrow{p} - \overrightarrow{a}| = r$$

特に，$\overrightarrow{p} = (x, y)$, $\overrightarrow{a} = (x_0, y_0)$ のとき，円の方程式は

$$(x - x_0)^2 + (y - y_0)^2 = r^2$$

点と直線の距離 点 $\mathrm{A}(x_0, y_0)$ から直線 $ax + by + c = 0$ への距離 h は

$$h = \frac{|ax_0 + by_0 + c|}{\sqrt{a^2 + b^2}}$$

1次独立 平面上の 2 つのベクトル $\overrightarrow{a}$, $\overrightarrow{b}$ について，次が成り立つ．

(1) $\overrightarrow{a}$, $\overrightarrow{b}$ が **1 次独立**

$\iff$ $\overrightarrow{a} \neq \overrightarrow{0}$, $\overrightarrow{b} \neq \overrightarrow{0}$ かつ $\overrightarrow{a}$, $\overrightarrow{b}$ は平行でない

(2) $\overrightarrow{a}$, $\overrightarrow{b}$ が **1 次従属**

$\iff$ $\overrightarrow{a} = \overrightarrow{0}$, $\overrightarrow{b} = \overrightarrow{0}$ または $\overrightarrow{a}$, $\overrightarrow{b}$ は平行である

A

22 次のベクトル $\overrightarrow{a}$, $\overrightarrow{b}$ について，$\overrightarrow{a} /\!/ \overrightarrow{b}$ となるよう実数 x の値を定めよ．

◀教問 **1.18, 1.19**

(1) $\overrightarrow{a} = (4, -2)$, $\overrightarrow{b} = (x, 4)$

(2) $\overrightarrow{a} = (x - 6, 1)$, $\overrightarrow{b} = (2, 3 - x)$

(3) $\overrightarrow{a} = (3, -5)$, $\overrightarrow{b} = (2x - 1, -3x + 1)$

23 4 点 $\mathrm{A}(1, -1)$, $\mathrm{B}(4, 0)$, $\mathrm{C}(0, -2)$, $\mathrm{D}(x, 0)$ が与えられているとき，$\overrightarrow{\mathrm{AB}} /\!/ \overrightarrow{\mathrm{CD}}$ となるよう実数 x の値を定めよ．

◀教問 **1.18, 1.19**

24 3 点 $\mathrm{A}(1, x)$, $\mathrm{B}(x + 2, 3)$, $\mathrm{C}(4, x + 5)$ が同一直線上にあるように実数 x の値を定めよ．

◀教問 **1.20**

25 次の $\overrightarrow{a}$, $\overrightarrow{b}$ について，$\overrightarrow{a} \perp \overrightarrow{b}$ となるように実数 k の値を定めよ．

◀教問 **1.21**

(1) $\overrightarrow{a} = (4, -2)$, $\overrightarrow{b} = (2, k)$

(2) $\overrightarrow{a} = (k - 6, 1)$, $\overrightarrow{b} = (2, 3 - k)$

(3) $\overrightarrow{a} = (k, 1)$, $\overrightarrow{b} = (k + 1, 2k + 2)$

26 次の問いに答えよ．　◀教問 1.22

(1)　3 点 $\mathrm{A}(2,-1)$, $\mathrm{B}(4,2)$, $\mathrm{C}(5,k)$ について $\overrightarrow{\mathrm{AB}} \perp \overrightarrow{\mathrm{BC}}$ となるよう実数 k の値を定めよ．

(2)　$\overrightarrow{a} = (\sqrt{5},-1)$, $\overrightarrow{b} = (2\sqrt{5},8)$ について，$\overrightarrow{a} \perp (\overrightarrow{a} + k\,\overrightarrow{b})$ となるように実数 k の値を定めよ．

(3)　$\overrightarrow{a} = (\sqrt{2},-1)$, $\overrightarrow{b} = (1,\sqrt{3})$ について，$(2\overrightarrow{a} + k\,\overrightarrow{b}) \perp (2\overrightarrow{a} - k\,\overrightarrow{b})$ となるように実数 k の値を定めよ．

27 2 点 $\mathrm{A}(\overrightarrow{a})$, $\mathrm{B}(\overrightarrow{b})$ に対して，次で示される線分の内分点・外分点の位置ベクトルを $\overrightarrow{a}$, $\overrightarrow{b}$ を用いて表せ．　◀教問 1.23

(1)　線分 AB を 3 : 1 に内分する点 $\mathrm{P}(\overrightarrow{p})$

(2)　線分 AB を 2 : 3 に外分する点 $\mathrm{Q}(\overrightarrow{q})$

28 $\triangle\mathrm{OAB}$ において，$\overrightarrow{\mathrm{OA}} = \overrightarrow{a}$, $\overrightarrow{\mathrm{OB}} = \overrightarrow{b}$ とするとき，次の問いに答えよ．　◀教問 1.23

(1)　辺 AB を 3 : 2 に内分する点を C とし，線分 OC を 5 : 4 に内分する点を D とするとき，$\overrightarrow{\mathrm{OD}}$ を $\overrightarrow{a}$, $\overrightarrow{b}$ を用いて表せ．

(2)　辺 AB を 2 : 1 に内分する点を C とし，線分 OC を 3 : 1 に内分する点を D とするとき，$\overrightarrow{\mathrm{AD}}$ を $\overrightarrow{a}$, $\overrightarrow{b}$ を用いて表せ．

29 平行四辺形 ABCD において，次の問いに答えよ．　◀教問 1.24

(1)　辺 AB を 2 : 1 に内分する点を P とし，線分 PD を 2 : 3 に内分する点を Q とする．このとき，$\overrightarrow{\mathrm{AQ}} = k\,\overrightarrow{\mathrm{AC}}$ であるという．実数 k の値を定めよ．

(2)　辺 AB を 3 : 2 に内分する点を P とし，辺 BC を 5 : 2 に内分する点を Q とする．次に，辺 CD 上に点 R，辺 AD 上に点 S をそれぞれ PR // BC, SQ // AB となるようにとる．$\overrightarrow{\mathrm{BP}} = \overrightarrow{a}$, $\overrightarrow{\mathrm{BQ}} = \overrightarrow{b}$ とするとき，$\overrightarrow{\mathrm{PS}}$, $\overrightarrow{\mathrm{QD}}$ を $\overrightarrow{a}$, $\overrightarrow{b}$ を用いて表せ．

30 △ABC において，辺 BC の中点を M とするとき，次の問いに答えよ．

教問 1.24

(1) $\overrightarrow{\mathrm{AM}}, \overrightarrow{\mathrm{BM}}$ を $\overrightarrow{\mathrm{AB}}, \overrightarrow{\mathrm{AC}}$ を用いて表せ．

(2) 次の等式を示せ．

$$|\overrightarrow{\mathrm{AB}}|^2 + |\overrightarrow{\mathrm{AC}}|^2 = 2(|\overrightarrow{\mathrm{AM}}|^2 + |\overrightarrow{\mathrm{BM}}|^2)$$

31 次の条件を満たす直線の媒介変数表示を求めよ． **教問 1.25**

(1) 点 A$(3, -5)$ を通り，$\overrightarrow{v} = (-1, 2)$ に平行な直線

(2) 点 A$(2, -1)$ を通り，直線 $y = 3x + 1$ に垂直な直線

(3) 2 点 A$(-1, 3)$, B$(4, 1)$ に対して線分 AB の垂直 2 等分線

32 次の問いに答えよ． **教問 1.26, 1.27**

(1) $ax - 2y + 1 = 0$ の法線ベクトルの 1 つが $\overrightarrow{n} = (6, -4)$ であるとき，実数 a の値を求めよ．

(2) 直線 $x - 3y + 2 = 0$ の法線ベクトルを方向ベクトルとして，原点を通る直線の方程式を求めよ．

33 定点 A$(\overrightarrow{a})$ と任意の点 P$(\overrightarrow{p})$ に対して，次のベクトル方程式は円を表すことを示し，その中心と半径を求めよ．ただし，$\overrightarrow{a} \neq \overrightarrow{0}$ とする． **教問 1.28**

$$(\overrightarrow{p} + \overrightarrow{a}) \cdot (\overrightarrow{p} - \overrightarrow{a}) = 0$$

34 $\overrightarrow{a}, \overrightarrow{b}$ が 1 次独立であるとき，次の等式が成り立つように実数 x, y の値を定めよ． **教問 1.29**

(1) $(x - 6)\overrightarrow{a} + (3y - 4)\overrightarrow{b} = (4 - x)\overrightarrow{a} + 5\overrightarrow{b}$

(2) $(3x - 4y)\overrightarrow{a} + (4x - 5y)\overrightarrow{b} = 2\overrightarrow{a} + 3\overrightarrow{b}$

35 △OAB において，辺 AB を 3 : 1 に内分する点を L とし，辺 OB を 1 : 2 に内分する点を M とし，線分 AM と線分 OL の交点を P，線分 BP の延長線と辺 OA との交点を N とする．このとき次の比を求めよ． **教問 1.30**

(1) AP : PM (2) BP : PN

B

例題 1.3　平面上の線分 AB について，等式

$$3\overrightarrow{\mathrm{AB}}+5\overrightarrow{\mathrm{BP}}+2\overrightarrow{\mathrm{AP}}=\vec{0}$$

を満たす点 P はどのような点であるか．

解　$3\overrightarrow{\mathrm{AB}}+5\overrightarrow{\mathrm{BP}}+2\overrightarrow{\mathrm{AP}}=\vec{0}$ より

$$3(\overrightarrow{\mathrm{OB}}-\overrightarrow{\mathrm{OA}})+5(\overrightarrow{\mathrm{OP}}-\overrightarrow{\mathrm{OB}})+2(\overrightarrow{\mathrm{OP}}-\overrightarrow{\mathrm{OA}})=\vec{0}$$

整理して

$$\overrightarrow{\mathrm{OP}}=\frac{5\overrightarrow{\mathrm{OA}}+2\overrightarrow{\mathrm{OB}}}{7}$$

以上より，点 P は線分 AB を 2 : 5 に内分する点である．■

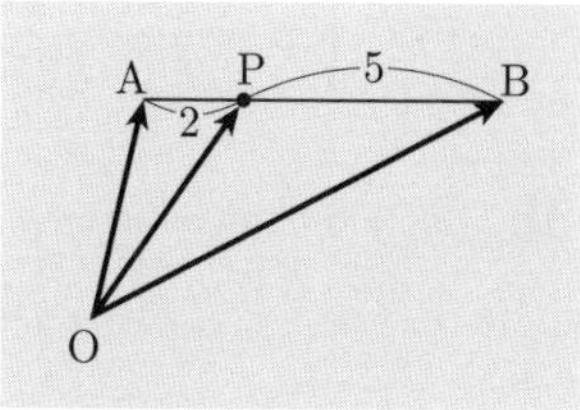

例題 1.4　点 $\mathrm{A}(\vec{a})$ について，ベクトル方程式

$$4|\vec{p}-\vec{a}|^2=3|\vec{p}|^2$$

を満たす点 $\mathrm{P}(\vec{p})$ の軌跡を求めよ．ただし $\vec{a}\neq\vec{0}$ である．

解　与式より

$$\begin{aligned}4|\vec{p}-\vec{a}|^2=3|\vec{p}|^2 &\iff 4(\vec{p}-\vec{a})\cdot(\vec{p}-\vec{a})=3|\vec{p}|^2\\ &\iff 4|\vec{p}|^2-8\,\vec{a}\cdot\vec{p}+4|\vec{a}|^2=3|\vec{p}|^2\\ &\iff |\vec{p}|^2-8\,\vec{a}\cdot\vec{p}+16|\vec{a}|^2-12|\vec{a}|^2=0\\ &\iff (\vec{p}-4\,\vec{a})\cdot(\vec{p}-4\,\vec{a})=12|\vec{a}|^2\\ &\iff |\vec{p}-4\,\vec{a}|^2=12|\vec{a}|^2\end{aligned}$$

以上より，点 $\mathrm{B}(4\,\vec{a})$ を中心とし，半径 $2\sqrt{3}|\vec{a}|$ の円　■

36 線分 AB について，次の等式を満たす点 P はどのような点であるか．

(1) $3\overrightarrow{\mathrm{AB}}+4\overrightarrow{\mathrm{BP}}=\overrightarrow{0}$ (2) $\overrightarrow{\mathrm{BP}}+5\overrightarrow{\mathrm{PA}}=\overrightarrow{0}$

(3) $2\overrightarrow{\mathrm{AB}}+4\overrightarrow{\mathrm{BP}}+7\overrightarrow{\mathrm{PA}}=\overrightarrow{0}$ (4) $7\overrightarrow{\mathrm{AB}}-3\overrightarrow{\mathrm{BP}}-5\overrightarrow{\mathrm{PA}}=\overrightarrow{0}$

37 点 $\mathrm{A}(\overrightarrow{a})$, $\mathrm{B}(\overrightarrow{b})$，動点 $\mathrm{P}(\overrightarrow{p})$ に対して，次のベクトル方程式は円を表すことを示し，その中心と半径を求めよ．ただし $\overrightarrow{a}\neq\overrightarrow{0}$, $\overrightarrow{b}\neq\overrightarrow{0}$ とする．

(1) $(\overrightarrow{p}+2\overrightarrow{a})\cdot(\overrightarrow{p}-2\overrightarrow{a})=0$

(2) $|3\overrightarrow{p}-2\overrightarrow{a}|^2=5|\overrightarrow{p}|^2$

(3) $\left(\overrightarrow{p}-\dfrac{3\overrightarrow{a}+2\overrightarrow{b}}{2}\right)\cdot\left(\overrightarrow{p}-\dfrac{3\overrightarrow{a}-2\overrightarrow{b}}{2}\right)=0$

38 $\overrightarrow{x}-3\overrightarrow{y}=-3\overrightarrow{a}-2\overrightarrow{b}$, $\overrightarrow{x}+3\overrightarrow{y}=9\overrightarrow{a}+6\overrightarrow{b}$ のとき，$\overrightarrow{x}\parallel\overrightarrow{y}$ となることを示せ．ただし，$\overrightarrow{a}\neq\overrightarrow{0}$, $\overrightarrow{b}\neq\overrightarrow{0}$ かつ $\overrightarrow{a}\nparallel\overrightarrow{b}$ とする．

39 △ABC において，辺 BC を 1 : 2 に内分する点を P，辺 CA を 3 : 2 に内分する点を Q，線分 AP を 2 : 1 に内分する点を R とする．点 A, B, C の原点 O に関する位置ベクトルを $\overrightarrow{a}$, $\overrightarrow{b}$, $\overrightarrow{c}$ とするとき，次の問いに答えよ．

(1) 点 P, Q, R の位置ベクトルを $\overrightarrow{a}$, $\overrightarrow{b}$, $\overrightarrow{c}$ で表せ．

(2) 3 点 B, R, Q は一直線上にあることを示せ．

40 △OAB において，辺 AB を $s:1-s$ に内分する点を C，辺 OB の中点を D とする $(0<s<1)$．$\overrightarrow{\mathrm{OA}}=\overrightarrow{a}$, $\overrightarrow{\mathrm{OB}}=\overrightarrow{b}$ とするとき，次の問いに答えよ．

(1) $\overrightarrow{\mathrm{OC}}$ を $\overrightarrow{a}$, $\overrightarrow{b}$ を用いて表せ．

(2) $\mathrm{OA}=\mathrm{OB}=1$, $\angle\mathrm{AOB}=\dfrac{\pi}{2}$ であるとする．$\overrightarrow{\mathrm{OC}}$ と $\overrightarrow{\mathrm{AD}}$ が垂直になるとき，実数 s の値を定めよ．

41 直線 $2x-y-1=0$ と $\dfrac{\pi}{4}$ の角をなし，点 $\mathrm{A}(1,2)$ を通る直線の方程式を求めよ．

1.3 空間ベクトル

2 点間の距離の公式　空間内の 2 点 $\mathrm{A}(x_1, y_1, z_1)$, $\mathrm{B}(x_2, y_2, z_2)$ 間の距離は

$$\mathrm{AB} = \sqrt{(x_2 - x_1)^2 + (y_2 - y_1)^2 + (z_2 - z_1)^2}$$

特に，原点 $\mathrm{O}(0, 0, 0)$ と $\mathrm{A}(x_1, y_1, z_1)$ の間の距離は

$$\mathrm{OA} = \sqrt{x_1^2 + y_1^2 + z_1^2}$$

ベクトルの成分表示による計算　$\overrightarrow{a} = (a_1, a_2, a_3)$, $\overrightarrow{b} = (b_1, b_2, b_3)$，実数 k に対して，次が成立する．

(1)　$\overrightarrow{a} = \overrightarrow{b} \iff a_1 = b_1,\ a_2 = b_2,\ a_3 = b_3$

(2)　$|\overrightarrow{a}| = \sqrt{a_1^2 + a_2^2 + a_3^2}$

(3)　$\overrightarrow{a} \pm \overrightarrow{b} = (a_1 \pm b_1, a_2 \pm b_2, a_3 \pm b_3)$（複号同順）

(4)　$k\overrightarrow{a} = (ka_1, ka_2, ka_3)$

空間内の任意のベクトルの成分表示　$\mathrm{A}(a_1, a_2, a_3)$, $\mathrm{B}(b_1, b_2, b_3)$ に対して

$$\overrightarrow{\mathrm{AB}} = \overrightarrow{\mathrm{OB}} - \overrightarrow{\mathrm{OA}} = (b_1 - a_1, b_2 - a_2, b_3 - a_3)$$（成分表示）

$$|\overrightarrow{\mathrm{AB}}| = \sqrt{(b_1 - a_1)^2 + (b_2 - a_2)^2 + (b_3 - a_3)^2}$$（大きさ）

ベクトルの平行・垂直条件　$\overrightarrow{a} \neq \overrightarrow{0}$, $\overrightarrow{b} \neq \overrightarrow{0}$ であるとき

$\overrightarrow{a} \parallel \overrightarrow{b} \iff \overrightarrow{b} = k\overrightarrow{a}$ となる実数 k が存在する

$\overrightarrow{a} \perp \overrightarrow{b} \iff \overrightarrow{a} \cdot \overrightarrow{b} = 0$

内積の成分表示による計算　$\overrightarrow{a} = (a_1, a_2, a_3)$, $\overrightarrow{b} = (b_1, b_2, b_3)$ に対して

(1)　$\overrightarrow{a} \cdot \overrightarrow{b} = a_1b_1 + a_2b_2 + a_3b_3$

(2)　$\overrightarrow{a} \neq \overrightarrow{0}$ と $\overrightarrow{b} \neq \overrightarrow{0}$ のなす角を θ（$0 \leqq \theta \leqq \pi$）としたとき

　(a)　$\overrightarrow{a} \cdot \overrightarrow{b} = |\overrightarrow{a}||\overrightarrow{b}|\cos\theta$

　(b)　$\cos\theta = \dfrac{\overrightarrow{a} \cdot \overrightarrow{b}}{|\overrightarrow{a}||\overrightarrow{b}|} = \dfrac{a_1b_1 + a_2b_2 + a_3b_3}{\sqrt{a_1^2 + a_2^2 + a_3^2}\sqrt{b_1^2 + b_2^2 + b_3^2}}$

A

42 点 P$(3, -2, 1)$ に対して，次の点の座標を求めよ． 教問 1.31

(1) xy 平面に関して対称な点

(2) zx 平面に関して対称な点

(3) x 軸に関して対称な点

(4) 原点に関して対称な点

43 次の 2 点間の距離を求めよ． 教問 1.32

(1) A$(-2, 5, 1)$, B$(1, 4, 3)$

(2) C$(0, 1, 2)$, D$(3, 1, -1)$

(3) E$(-1, -2, -2)$, F$(p, 2p, 2p)$ （p は実数）

(4) O$(0, 0, 0)$, H$(\sin\theta, \cos\theta, \sqrt{2})$

44 3 点 A$(7, 5, 1)$, B$(4, 2, 1)$, C$(6, 4, 3)$ を頂点とする三角形はどのような三角形であるか． 教問 1.33

45 平行六面体 ABCD-EFGH に対して，$\vec{a} = \overrightarrow{\mathrm{AE}}$, $\vec{b} = \overrightarrow{\mathrm{AB}}$, $\vec{c} = \overrightarrow{\mathrm{AD}}$ とおき，辺 EF を $1:2$ に内分する点を N，辺 FG の中点を M とするとき，次のベクトルを $\vec{a}$, $\vec{b}$, $\vec{c}$ で表せ． 教問 1.34

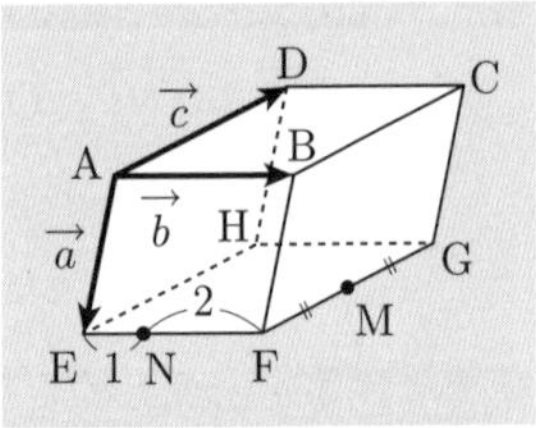

(1) $\overrightarrow{\mathrm{AN}}$　(2) $\overrightarrow{\mathrm{DM}}$　(3) $\overrightarrow{\mathrm{MN}}$

46 $\vec{a} = (0, 2, -1)$, $\vec{b} = (2, 0, 1)$ であるとき，次のベクトルの成分と大きさを求めよ． 教問 1.35

(1) $2\vec{a}$

(2) $\vec{a} - 2\vec{b}$

(3) $\dfrac{1}{|\vec{a} + \vec{b}|}(\vec{a} + \vec{b})$

47 3点 A$(-1,3,0)$, B$(3,-1,2)$, C$(3,3,-3)$ に対して，次のベクトルの成分と大きさを求めよ．　教問 1.35

(1) $\overrightarrow{\mathrm{AB}}$　(2) $2\overrightarrow{\mathrm{AC}}$　(3) $\dfrac{1}{|\overrightarrow{\mathrm{CA}}|}\overrightarrow{\mathrm{CA}}$

48 4点 A$(0,1,-1)$, B$(-1,2,-5)$, C$(2,3,-4)$, D に対して，四角形 ABCD が平行四辺形となるよう，点 D の座標を求めよ．　教問 1.36

49 $\vec{a}=(-4,-2,3)$, $\vec{b}=(2x-3y,5,3x-4y)$, $\vec{c}=(-5,3,1)$ のとき，$(\vec{a}+\vec{b})\,/\!/\,\vec{c}$ となるように実数 x, y の値を定めよ．　教問 1.37

50 AE $=2$, EF $=4$, FG $=3$ である直方体 ABCD-EFGH に対して，次の内積を求めよ．　教問 1.38

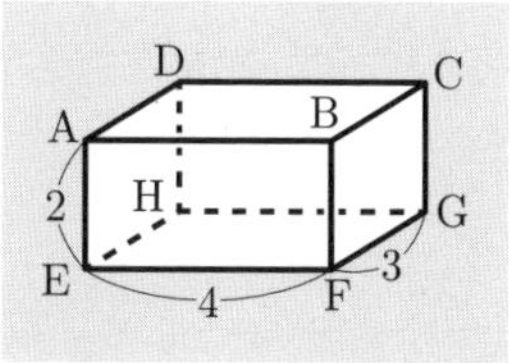

(1) $\overrightarrow{\mathrm{AB}}\cdot\overrightarrow{\mathrm{AD}}$　(2) $\overrightarrow{\mathrm{AD}}\cdot\overrightarrow{\mathrm{GF}}$

(3) $\overrightarrow{\mathrm{EB}}\cdot\overrightarrow{\mathrm{EA}}$　(4) $\overrightarrow{\mathrm{AE}}\cdot\overrightarrow{\mathrm{FC}}$

(5) $\overrightarrow{\mathrm{AB}}\cdot\overrightarrow{\mathrm{AC}}$　(6) $\overrightarrow{\mathrm{EF}}\cdot\overrightarrow{\mathrm{CA}}$

51 次の2つのベクトル $\vec{a}$, $\vec{b}$ の内積となす角 θ を求めよ．　教問 1.39

(1) $\vec{a}=(1,2,1)$, $\vec{b}=(1,-1,-2)$

(2) $\vec{a}=(2,0,2)$, $\vec{b}=(1,2,2)$

(3) $\vec{a}=(\sqrt{2},5,3)$, $\vec{b}=(0,0,1)$

52 3点 A$(2,3,2)$, B$(3,5,3)$, C$(0,5,6)$ を頂点とする △ABC において，∠BAC の大きさを求めよ．　教問 1.40

53 $\vec{a}=(1-k,3,-3)$, $\vec{b}=(2,k,2+3k)$ が直交するよう実数 k の値を求めよ．　教問 1.41

54 $\vec{a}=(2,0,-3)$, $\vec{b}=(0,-2,1)$ のとき，次の問いに答えよ．　教問 1.42

(1) $\vec{a}$ と $\vec{b}$ の両方に直交する単位ベクトル $\vec{c}$ を求めよ．

(2) $\vec{a}$ と $\vec{b}$ の両方に直交し大きさが5のベクトルを求めよ．

B

例題 1.5 $\overrightarrow{a}=(1,0,-1)$, $\overrightarrow{b}=(2,1,-1)$ とするとき，$\overrightarrow{a}$ とのなす角が $\dfrac{\pi}{3}$ であり，$\overrightarrow{b}$ とは垂直である単位ベクトルを求めよ．

解 求めるベクトルを $\overrightarrow{c}=(x,y,z)$ とおくと $|\overrightarrow{c}|=1$ より

$$x^2+y^2+z^2=1 \quad \cdots ①$$

$\overrightarrow{a}$ と $\overrightarrow{c}$ のなす角が $\dfrac{\pi}{3}$ より

$$\overrightarrow{a}\cdot\overrightarrow{c}=|\overrightarrow{a}||\overrightarrow{c}|\cos\frac{\pi}{3} \iff x-z=\sqrt{2}\cdot 1\cdot\frac{1}{2}$$

これより

$$x=z+\frac{1}{\sqrt{2}} \quad \cdots ②$$

また，$\overrightarrow{b}\perp\overrightarrow{c}$ より

$$\overrightarrow{b}\cdot\overrightarrow{c}=0$$

すなわち $2x+y-z=0$ となり

$$y=-2x+z=-2\left(z+\frac{1}{\sqrt{2}}\right)+z \quad (\because ②)$$

$$\therefore \quad y=-z-\sqrt{2} \quad \cdots ③$$

②, ③ を ① に代入して整理すれば

$$\left(z+\frac{1}{\sqrt{2}}\right)^2+(-z-\sqrt{2})^2+z^2=1 \iff z^2+\sqrt{2}\,z+\frac{1}{2}=0$$

$$\iff \left(z+\frac{1}{\sqrt{2}}\right)^2=0$$

よって

$$z=-\frac{1}{\sqrt{2}} \quad \cdots ④$$

②, ④より $x=0$，③, ④より $y=-\dfrac{1}{\sqrt{2}}$ となり，

$$\overrightarrow{c}=\left(0,-\frac{1}{\sqrt{2}},-\frac{1}{\sqrt{2}}\right)$$

■

例題 1.6　四面体 ABCD において，等式

$$|\overrightarrow{\mathrm{AB}}|^2+|\overrightarrow{\mathrm{CD}}|^2=|\overrightarrow{\mathrm{AC}}|^2+|\overrightarrow{\mathrm{BD}}|^2$$

が成り立つならば $\overrightarrow{\mathrm{AD}}\perp\overrightarrow{\mathrm{BC}}$ であることを示せ．

解　$\overrightarrow{\mathrm{AB}}=\vec{b},\ \overrightarrow{\mathrm{AC}}=\vec{c},\ \overrightarrow{\mathrm{AD}}=\vec{d}$ とおくと

$$\overrightarrow{\mathrm{CD}}=\vec{d}-\vec{c}\quad\cdots①$$

$$\overrightarrow{\mathrm{BD}}=\vec{d}-\vec{b}\quad\cdots②$$

$$\overrightarrow{\mathrm{BC}}=\vec{c}-\vec{b}\quad\cdots③$$

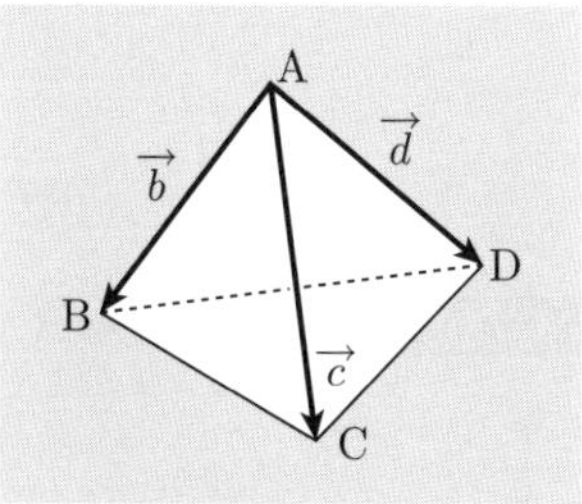

となる．条件式より

$$|\overrightarrow{\mathrm{AB}}|^2+|\overrightarrow{\mathrm{CD}}|^2=|\overrightarrow{\mathrm{AC}}|^2+|\overrightarrow{\mathrm{BD}}|^2$$

$$\Longleftrightarrow\ |\vec{b}|^2+|\vec{d}-\vec{c}|^2=|\vec{c}|^2+|\vec{d}-\vec{b}|^2\quad(\because\ ①,②)$$

$$\Longleftrightarrow\ |\vec{b}|^2+|\vec{c}|^2+|\vec{d}|^2-2\vec{d}\cdot\vec{c}=|\vec{b}|^2+|\vec{c}|^2+|\vec{d}|^2-2\vec{b}\cdot\vec{d}$$

$$\Longleftrightarrow\ \vec{d}\cdot\vec{c}=\vec{b}\cdot\vec{d}$$

$$\Longleftrightarrow\ \vec{d}\cdot(\vec{c}-\vec{b})=0$$

$$\Longleftrightarrow\ \overrightarrow{\mathrm{AD}}\cdot\overrightarrow{\mathrm{BC}}=0\quad(\because\ ③)\quad\cdots④$$

ここで，$\overrightarrow{\mathrm{AD}}\neq\vec{0},\ \overrightarrow{\mathrm{BC}}\neq\vec{0}$ であるので，④ より $\overrightarrow{\mathrm{AD}}\perp\overrightarrow{\mathrm{BC}}$ となる．■

55　2 点 $\mathrm{A}(1,1,3)$, $\mathrm{B}(-2,1,2)$ から等距離にある x 軸上の点を求めよ．

56　次の条件を満たす実数 x の値を求めよ．

(1)　$\vec{a}=(-x,2,x-3)$, $\vec{b}=(-x-1,x+3,x^2)$ に対して，$\vec{a}\perp\vec{b}$

(2)　$\vec{a}=(-1,1,-2)$ と $\vec{b}=(x+1,-5,x)$ のなす角が $\dfrac{5}{6}\pi$

57　空間内の基本ベクトル $\vec{e_1}=(1,0,0)$, $\vec{e_2}=(0,1,0)$, $\vec{e_3}=(0,0,1)$ に対して，$\vec{a}=\vec{e_1}+\vec{e_2}$, $\vec{b}=\vec{e_1}-\vec{e_2}$, $\vec{c}=-\vec{e_1}+\vec{e_3}$ と定める．このとき，$\vec{a}$ との内積が 2 であり，$\vec{b}$ および $\vec{c}$ と直交するようなベクトルを $\vec{p}$ とする．$\vec{p}$ を $\vec{e_1}$, $\vec{e_2}$, $\vec{e_3}$ で表せ．

58　正四面体 ABCD に対し $\overrightarrow{\mathrm{AB}}\perp\overrightarrow{\mathrm{CD}}$ であることを示せ．

1.4 空間ベクトルの図形への応用

内分点・外分点の座標 2 点 $\mathrm{A}(a_1, a_2, a_3)$, $\mathrm{B}(b_1, b_2, b_3)$ について，線分 AB を $m:n$ に**内分**する点 P，$m:n$ に**外分**する点 Q の座標は

$$\mathrm{P}\left(\frac{na_1+mb_1}{m+n}, \frac{na_2+mb_2}{m+n}, \frac{na_3+mb_3}{m+n}\right)$$

$$\mathrm{Q}\left(\frac{-na_1+mb_1}{m-n}, \frac{-na_2+mb_2}{m-n}, \frac{-na_3+mb_3}{m-n}\right)$$

球面の方程式 中心が $\mathrm{C}(a, b, c)$，半径 r の球面の方程式は

$$(x-a)^2+(y-b)^2+(z-c)^2=r^2$$

特に，中心が原点 O，半径 r の球面の方程式は

$$x^2+y^2+z^2=r^2$$

直線の方程式 点 $\mathrm{A}(x_0, y_0, z_0)$ を通り，方向ベクトルが $\overrightarrow{v}=(a,b,c)$ $(abc \neq 0)$ の直線の方程式は

$$\frac{x-x_0}{a}=\frac{y-y_0}{b}=\frac{z-z_0}{c} \quad \Leftrightarrow \quad \begin{cases} x=x_0+at \\ y=y_0+bt \\ z=z_0+ct \end{cases}$$ …媒介変数表示

平面の方程式 点 $\mathrm{A}(x_0, y_0, z_0)$ を通り，$\overrightarrow{n}=(a,b,c)$ $(\neq \overrightarrow{0})$ に垂直な平面の方程式は

$$a(x-x_0)+b(y-y_0)+c(z-z_0)=0$$

点と平面の距離 点 $\mathrm{A}(x_0, y_0, z_0)$ から平面 α: $ax+by+cz+d=0$ への距離 h は

$$h=\frac{|ax_0+by_0+cz_0+d|}{\sqrt{a^2+b^2+c^2}}$$

1 次独立 零ベクトルでない 3 つのベクトル $\overrightarrow{a}$, $\overrightarrow{b}$, $\overrightarrow{c}$ について，次が成り立つ．

(1) $\overrightarrow{a}$, $\overrightarrow{b}$, $\overrightarrow{c}$ が**1 次独立** $\Longleftrightarrow$ $\overrightarrow{a}$, $\overrightarrow{b}$, $\overrightarrow{c}$ は同一平面上にかけない

(2) $\overrightarrow{a}$, $\overrightarrow{b}$, $\overrightarrow{c}$ が**1 次従属** $\Longleftrightarrow$ $\overrightarrow{a}$, $\overrightarrow{b}$, $\overrightarrow{c}$ は同一平面上にかける

A

59　2 点 $\mathrm{A}(-1,3,2)$, $\mathrm{B}(0,1,3)$ について，次の点の座標を求めよ．　教問 1.43

(1)　線分 AB を $1:2$ に内分する点

(2)　線分 AB の中点

(3)　線分 AB を $3:1$ に外分する点

60　平行六面体 ABCD-EFGH において，2 つの対角線 AG, BH の中点は一致することを示せ．　教問 1.44

61　次の条件を満たす球面の方程式を求めよ．　教問 1.45

(1)　中心が点 $\mathrm{C}(5,-1,2)$，半径 $\sqrt{3}$ の球面

(2)　2 点 $\mathrm{A}(1,-1,-4)$, $\mathrm{B}(-5,3,-2)$ を直径の両端とする球面

(3)　2 点 $\mathrm{C}(1,-2,-1)$, $\mathrm{D}(4,-2,-1)$ に対して線分 CD を $1:2$ に内分する点 P を中心とし，$|\overrightarrow{\mathrm{PC}}|$ を半径とする球面

62　次の方程式の表す球面の中心と半径を求めよ．　教問 1.46

(1)　$x^2+y^2+z^2+6x-8y-2z+9=0$

(2)　$x^2+y^2+z^2-2x+4y+2z-3=0$

(3)　$x^2+y^2+z^2-x+3y-2z+1=0$

63　次の問いに答えよ．　教問 1.45, 1.46

(1)　$x^2+y^2+z^2+ax+by+cz+d=0$ が点 $\mathrm{C}(-2,2,-1)$ を中心とし，半径 2 の球の方程式であるとき，実数 a, b, c, d を求めよ．

(2)　原点 $\mathrm{O}(0,0,0)$ と点 $\mathrm{P}(a,b,c)$ を直径の両端とする球面の方程式を求めよ．

(3)　球 $x^2+y^2+z^2-4x+6y-2z-2=0$ が xy 平面と交わってできる円の半径を求めよ．

64　次の条件を満たす直線の方程式を求めよ．　教問 1.47

(1)　点 $\mathrm{A}(2,-1,3)$ を通り，方向ベクトルが $\vec{v}=(4,5,-2)$ に平行な直線

(2)　2 点 $\mathrm{A}(1,-2,-3)$, $\mathrm{B}(2,3,4)$ を通る直線

(3)　点 $\mathrm{A}(-1,2,0)$ を通り，直線 $\dfrac{x-3}{2}=\dfrac{y-2}{-2}=\dfrac{z+4}{3}$ に平行な直線

65 2点 A$(1,2,3)$, B$(-1,5,-2)$ を通る直線上の点で y 座標が -4 のときの座標を求めよ。 教問 1.47

66 次の2直線 l_1 と l_2 のなす角を求めよ。 教問 1.48

(1) $l_1:\ \dfrac{x-3}{4}=\dfrac{y+1}{-1}=\dfrac{z-5}{-1},\quad l_2:\ \dfrac{x-2}{2}=\dfrac{y+4}{-2}=z+1$

(2) $l_1:\ x=1-2t,\quad y=-3-t,\quad z=2-3t$

$l_2:\ x=-5+6t,\quad y=1-4t,\quad z=1+2t$

67 次の問いに答えよ。 教問 1.48

(1) 2直線 $x+1=\dfrac{y-2}{2}=\dfrac{z+3}{4}$, $\dfrac{x-3}{2}=\dfrac{y+3}{a}=\dfrac{z+1}{-3}$ が垂直になるよう，実数 a の値を定めよ。

(2) 2直線 $\dfrac{x-1}{2}=\dfrac{y-3}{-3}=\dfrac{z}{6}$, $\dfrac{x-2}{3}=\dfrac{y-3}{4}=\dfrac{z-1}{a}$ が垂直になるよう，実数 a の値を定めよ。

(3) 2直線 $\dfrac{x}{a}=\dfrac{y+8}{-2}=z$, $x=\dfrac{y}{2}=z-b$ が垂直に交わるという。このとき，実数 a, b の値を定めよ。

68 次の2点を通る直線の媒介変数表示と直線の方程式を求めよ。 教問 1.49

(1) A$(1,-1,3)$, B$(1,-2,4)$ (2) C$(2,3,-1)$, D$(4,3,2)$

69 次の2点を通る直線の媒介変数表示を求めよ。 教問 1.50

(1) A$(1,-3,-4)$, B$(1,-3,1)$ (2) C$(-2,2,5)$, D$(-2,0,5)$

70 次を満たす平面の方程式を求めよ。 教問 1.51

(1) A$(3,-1,2)$ を通り，$\overrightarrow{n}=(2,5,-4)$ に垂直な平面

(2) 直線 $l:\ \dfrac{x-1}{2}=\dfrac{y}{-3}=\dfrac{z+5}{-1}$ に垂直で点 A$(3,0,-1)$ を通る平面

(3) 平面 $4x-3y+z+1=0$ と平行で点 A$(1,4,-2)$ を通る平面

71 平面 $\alpha:\ 2x-3y-2z+3=0$ と α 上にない点 A$(-3,4,1)$ について，点 A を通り平面 α に垂直な直線の方程式を求めよ。 教問 1.51

72 3点 A$(1,0,3)$, B$(0,4,2)$, C$(2,1,3)$ を通る平面の方程式を求めよ。

教問 1.52

73　2 平面 $ax+3y-cz+2=0$, $4x+by-8z+5=0$ が平行となるように b, c を a を用いて表せ．　教問 1.53

74　次の問いに答えよ．　教問 1.53

(1)　2 平面 α_1： $2x-3y+z=1$ と α_2： $-3x+y+2z=5$ のなす角 θ を求めよ．

(2)　2 つの平面 α： $2x+3y+z=0$, β： $x-2y+kz=0$ が垂直に交わるよう実数 k の値を定めよ．

75　直線 l： $\dfrac{x+5}{3}=\dfrac{y+6}{4}=\dfrac{z-8}{-1}$ と平面 α： $3x-4y+z=1$ との交点の座標を求めよ．　教問 1.54

76　次の問いに答えよ．　教問 1.55

(1)　点 $\mathrm{A}(1,0,1)$ から平面 α_1： $2x+y+2z+5=0$ への距離を求めよ．

(2)　点 $\mathrm{B}(2,1,-2)$ から平面 α_2： $x+y+4z+2=0$ への距離を求めよ．

77　零ベクトルでない 3 つの 1 次独立なベクトル $\overrightarrow{a}$, $\overrightarrow{b}$, $\overrightarrow{c}$ に対して，次の等式が成り立つように x, y, z の値を定めよ．　教問 1.56

$$(x+y+z)\overrightarrow{a}+(2x+y-z)\overrightarrow{b}+(x-y+2z)\overrightarrow{c}=6\overrightarrow{a}+\overrightarrow{b}+5\overrightarrow{c}$$

B

例題 1.7　球面 C： $x^2+y^2+z^2=5$ と直線 l： $x-1=y+1=-z$ の交点の座標を求めよ．

解　直線 l の媒介変数表示は

$$x=1+t,\ y=-1+t,\ z=-t \quad \cdots ①$$

となり，これを球面 C の方程式に代入して

$$(1+t)^2+(-1+t)^2+(-t)^2=5 \quad \cdots ②$$

が得られる．② を整理すると $t^2=1$ となり

$$t=\pm 1 \quad \cdots ③$$

③ を ① に代入すれば，求める交点の座標は

$$(x,y,z)=(2,0,-1),(0,-2,1)$$

■

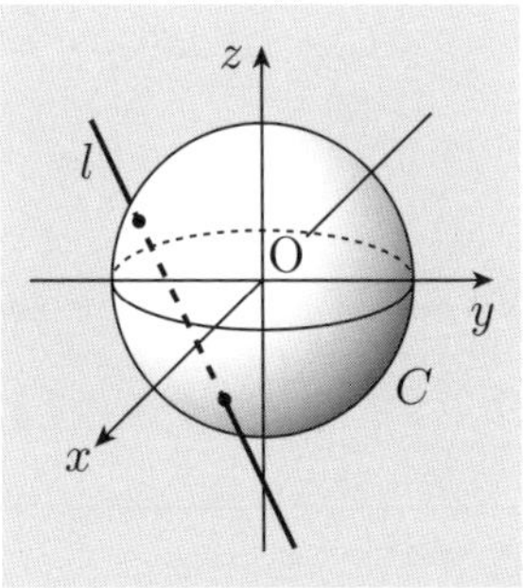

例題 1.8 次の2直線を含む平面の方程式を求めよ.

$$l_1 : \frac{x-3}{2} = \frac{y-1}{-1} = \frac{z+1}{3} \qquad l_2 : \frac{x-3}{-1} = \frac{y-1}{4} = \frac{z+1}{2}$$

解 まず, l_1, l_2 はいずれも点 A$(3,1,-1)$ を通るので求める平面は点 A を含む. 求める平面の法線ベクトルを $\overrightarrow{n} = (a,b,c)$ とおくと $\overrightarrow{n}$ は l_i $(i=1,2)$ の方向ベクトル $\overrightarrow{v_i}$ $(i=1,2)$ の両方に垂直であるので, $\overrightarrow{n} \cdot \overrightarrow{v_i} = 0$ $(i=1,2)$ である. これより

$$2a - b + 3c = 0, \quad -a + 4b + 2c = 0$$

これを解いて, $a = -2c$, $b = -c$ となり,

$$\overrightarrow{n} = c(-2,-1,1) \quad (c \neq 0)$$

よって法線ベクトルの1つは, $\overrightarrow{n} = (-2,-1,1)$ となり, 平面の方程式は

$$-2(x-3) - (y-1) + (z+1) = 0$$

ゆえに, 求める平面の方程式は $2x + y - z - 8 = 0$ ■

例題 1.9 次の2平面 α, β の交線の方程式を求めよ.

$$\alpha : x + y - z + 1 = 0, \quad \beta : x - 5y - 4z - 5 = 0$$

解

$$\begin{cases} x + y - z + 1 = 0 & \cdots ① \\ x - 5y - 4z - 5 = 0 & \cdots ② \end{cases}$$

①, ②を x, y の連立方程式とみなして解くと

① − ② より $y = \dfrac{z+2}{-2} \iff z = -2 - 2y \quad \cdots ③$

① × 5 + ② より $x = \dfrac{3z}{2} \iff z = \dfrac{2x}{3} \quad \cdots ④$

③, ④より $\dfrac{2x}{3} = -2 - 2y = z$

よって, 求める交線の方程式は, $\dfrac{x}{3} = \dfrac{y+1}{-1} = \dfrac{z}{2}$

例題 1.10　点 $A(0,-1,-2)$ と直線 l : $\dfrac{x-2}{3}=y-1=\dfrac{z}{2}$ を含む平面 α の方程式を求めよ.

解

$$\frac{x-2}{3}=y-1=\frac{z}{2} \iff \begin{cases} x-3y+1=0 & \cdots ① \\ 2y-z-2=0 & \cdots ② \end{cases}$$

①, ②より, l 上の任意の点 (x,y,z) は以下の方程式を満たす.

$$(x-3y+1)+k(2y-z-2)=0 \quad \cdots ③$$

すなわち, 任意の k に対して, ③は l を含む平面を表す. これが, 点 $A(0,-1,-2)$ を通るので, ③に代入すると

$$k=2$$

となり, これを③に代入すると平面 α の方程式は

$$x+y-2z-3=0$$

78　平行六面体 ABCD-PQRS において, △PBD の重心を G とすると 3 点 A, G, R は同一直線上にあることを示せ.

79　点 $A(5,4,-4)$ を通り, 方向ベクトルが $\vec{v}=(2,1,-1)$ である直線と球面 C: $(x-1)^2+(y-2)^2+(z+5)^2=9$ との交点の座標を求めよ.

80　直交する 2 直線について, 以下の問いに答えよ.

$$l_1 : \frac{x-1}{2}=\frac{y+1}{3}=\frac{z-2}{-1}, \quad l_2 : \frac{x+1}{2}=\frac{y-4}{-1}=z+1$$

(1)　l_1, l_2 の交点の座標を求めよ.

(2)　l_1, l_2 を含む平面の方程式を求めよ.

81　2 平面 $x-y+z=2$, $x-2y+2z=1$ が交わってできる直線の媒介変数表示を求めよ.

82　以下の直線 l_1 を含み, 直線 l_2 に平行な平面の方程式を求めよ.

$$l_1 : x-1=\frac{y-3}{2}=\frac{z-5}{3}, \quad l_2 : \frac{x-2}{3}=\frac{y-1}{-1}=\frac{z+3}{2}$$

83 球 $x^2+y^2+z^2-4x-2y+2z-3=0$ と平面 $x+2y+z+3=0$ について次の問いに答えよ．

(1) 球の中心を通り，平面に垂直な直線の方程式を求めよ．

(2) 球と平面が交わってできる図形は円となる．このとき円の中心の座標と半径を求めよ．

84 点 $\mathrm{P}(4,-5,6)$ から直線 l ： $\dfrac{x-1}{2}=y+1=\dfrac{z-2}{3}$ に垂線を下ろし，交点を H とするとき，線分 PH の長さを求めよ．

85 平面 α ： $3x-y+2z=5$ に関して点 $\mathrm{A}(1,2,-1)$ と対称な点 B の座標を求めよ．

86 空間において原点 O を通る直線 l を考える．点 $\mathrm{A}(\overrightarrow{a})$ から直線 l への垂線を AB とし，$\mathrm{B}(\overrightarrow{b})$ とすると $\overrightarrow{b}$ を $\overrightarrow{a}$ の**直線 l への正射影《せいしゃえい》**という．このとき次の問いに答えよ．

(1) 直線 l の方向ベクトルを $\overrightarrow{v}\neq\overrightarrow{0}$ とすると

$$\overrightarrow{b}=\frac{\overrightarrow{a}\cdot\overrightarrow{v}}{|\overrightarrow{v}|^2}\overrightarrow{v}$$

となることを示せ．

(2) 点 $\mathrm{A}(-1,1,-2)$ と直線 l ： $x=\dfrac{y}{2}=\dfrac{z}{-3}$ について，$\overrightarrow{\mathrm{OA}}$ の直線 l への正射影を求めよ．

87 空間において原点 O を通る平面 α を考える．点 $\mathrm{A}(\overrightarrow{a})$ から平面 α への垂線を AB とし，$\mathrm{B}(\overrightarrow{b})$ とすると $\overrightarrow{b}$ を $\overrightarrow{a}$ の**平面 α への正射影**という．このとき次の問いに答えよ．

(1) 平面 α の法線ベクトルを $\overrightarrow{n}\neq\overrightarrow{0}$ とすると

$$\overrightarrow{b}=\overrightarrow{a}-\frac{\overrightarrow{a}\cdot\overrightarrow{n}}{|\overrightarrow{n}|^2}\overrightarrow{n}$$

となることを示せ．

(2) 点 $\mathrm{A}(1,-1,0)$ と平面 $\alpha : x+2y-2z=0$ について，$\overrightarrow{\mathrm{OA}}$ の平面 α への正射影を求めよ．

C 発展問題

88 平面において，点 O を中心とする円周を C とする．このとき，次の問いに答えよ．（新潟大学（一部改題））

(1) C 上の 3 点 $\mathrm{A_1}$, $\mathrm{A_2}$, $\mathrm{A_3}$ に対して

$$\overrightarrow{\mathrm{OA_1}}+\overrightarrow{\mathrm{OA_2}}+\overrightarrow{\mathrm{OA_3}}=\vec{0}$$

ならば，$\triangle \mathrm{A_1A_2A_3}$ は正三角形であることを示せ．

(2) C 上の 4 点 $\mathrm{A_1}$, $\mathrm{A_2}$, $\mathrm{A_3}$, $\mathrm{A_4}$ に対して

$$\overrightarrow{\mathrm{OA_1}}+\overrightarrow{\mathrm{OA_2}}+\overrightarrow{\mathrm{OA_3}}+\overrightarrow{\mathrm{OA_4}}=\vec{0}$$

ならば，4 点 $\mathrm{A_1}$, $\mathrm{A_2}$, $\mathrm{A_3}$, $\mathrm{A_4}$ を頂点にもつ四角形は長方形であることを示せ．

(3) 正五角形 $\mathrm{A_1A_2\cdots A_5}$ の頂点が C 上にあるとする．このとき

$$\overrightarrow{\mathrm{OA_1}}+\overrightarrow{\mathrm{OA_2}}+\overrightarrow{\mathrm{OA_3}}+\overrightarrow{\mathrm{OA_4}}+\overrightarrow{\mathrm{OA_5}}=\vec{0}$$

が成り立つことを示せ．

89 $\vec{a}=(1,-1,1)$, $\vec{b}=(2,1,-1)$ について次の問いに答えよ．（秋田大学）

(1) $\vec{a}$ と $\vec{b}$ を含み原点を通る平面上にある点 $\mathrm{P}(x,y,z)$ を媒介変数 s, t を用いた式で表せ．

(2) ベクトル $\vec{p}=(3,1,2)$ が (1) の平面上に投じる正射影を $\vec{q}=\alpha\vec{a}+\beta\vec{b}$ とかくとき，係数 α, β を求めよ．

90 空間内の点 $\mathrm{P}(0,0,t)$ を通り，$\vec{a}=(2,2,1)$ に垂直な平面 α と方程式

$$x^2+y^2+z^2-6x-4y-2z=11$$

で表される球面 S について，次の問いに答えよ．ただし，$t>0$ とする．

（岩手大学）

(1) 球面 S の中心から平面 α までの距離を t を用いて表せ．

(2) 球面 S と平面 α が交わってできる図形は円になる．この円の面積を 9π とするとき，t の値を求めよ．

91　次の問いに答えよ.　（首都大学東京）

(1)　2平面 $x+2y-z-4=0$ と $x-y+2z-4=0$ の交線の方程式を求めよ.

(2)　(1) の交線と点 $(0,1,0)$ を含む平面の方程式を求めよ.

92　四面体 OABC において, 辺 AB の中点を P, 線分 CP を $1:2$ に内分する点を Q, 線分 OQ を $1:2$ に内分する点を R とする. また, 3点 O, B, C を通る平面と直線 AR の交点を S, 直線 OS と直線 BC の交点を T とする. このとき, 次の問いに答えよ.　（東京大学）

(1)　$\overrightarrow{OA}=\overrightarrow{a}$, $\overrightarrow{OB}=\overrightarrow{b}$, $\overrightarrow{OC}=\overrightarrow{c}$ とするとき, $\overrightarrow{OS}$ を $\overrightarrow{a}$, $\overrightarrow{b}$, $\overrightarrow{c}$ を用いて表せ.

(2)　四面体 OABC の体積 V_1 と四面体 PQST の体積 V_2 の比 $V_1:V_2$ を求めよ.

93　空間内に4点 $A(1,1,1)$, $B(2,3,2)$, $C(-2,0,3)$, $D(0,2,5)$ をとり, 3点 A, B, C を含む平面を π とする. このとき, 次の問いに答えよ.　（静岡大学）

(1)　平面 π の方程式を求めよ.

(2)　点 D を通り, 平面に垂直な直線の方程式を求めよ.

(3)　点 D と平面 π との距離を求めよ.

(4)　△ABC の面積を求めよ.

(5)　四面体 ABCD の体積を求めよ.

94　$\overrightarrow{a}$, $\overrightarrow{b}$, $\overrightarrow{c}$ について,

$$2\overrightarrow{a}+2\overrightarrow{b}+\overrightarrow{c}=\overrightarrow{0},\quad |\overrightarrow{a}|=|\overrightarrow{b}|=\frac{|\overrightarrow{c}|}{\sqrt{2}(1+\sqrt{3})}\neq 0$$

が成り立つ. このとき, $\overrightarrow{a}$, $\overrightarrow{b}$ のなす角 θ を求めよ. ただし, 求める θ の範囲は $0\leqq\theta\leqq\pi$ とする.　（鹿児島大学（一部改題））

2　行　列

2.1　行列とその演算

行　列　行の数が m，列の数が n の行列を $\boldsymbol{m \times n}$ **型行列**という．

行列の成分　行列を構成する 1 つ 1 つの数を**成分**（または要素）といい，第 i 行かつ第 j 列にある成分を (i, j) 成分という．

正方行列　$n \times n$ 型行列を $\boldsymbol{n}$ **次正方行列**という．

行列の相等　2 つの行列 A, B について

$$A = B \iff A \text{ と } B \text{ が同じ型　かつ}$$
$$\text{対応する } (i, j) \text{ 成分がすべて等しい}$$

零行列　成分がすべて 0 である行列を**零《れい》行列**といい，O などで表す．

単位行列　2 次単位行列 $E_2 = \begin{pmatrix} 1 & 0 \\ 0 & 1 \end{pmatrix}$，3 次単位行列 $E_3 = \begin{pmatrix} 1 & 0 & 0 \\ 0 & 1 & 0 \\ 0 & 0 & 1 \end{pmatrix}$

行列の和・積

$$\begin{pmatrix} a & b \\ c & d \end{pmatrix} \pm \begin{pmatrix} p & q \\ s & t \end{pmatrix} = \begin{pmatrix} a \pm p & b \pm q \\ c \pm s & d \pm t \end{pmatrix} \text{（複号同順），}$$

$$\begin{pmatrix} a & b \\ c & d \end{pmatrix} \begin{pmatrix} p & q \\ s & t \end{pmatrix} = \begin{pmatrix} ap + bs & aq + bt \\ cp + ds & cq + dt \end{pmatrix},$$

$$\begin{pmatrix} a & b \\ c & d \end{pmatrix} \begin{pmatrix} p \\ s \end{pmatrix} = \begin{pmatrix} ap + bs \\ cp + ds \end{pmatrix}, \qquad \begin{pmatrix} p & q \end{pmatrix} \begin{pmatrix} a & b \\ c & d \end{pmatrix} = \begin{pmatrix} ap + cq & bp + dq \end{pmatrix},$$

$$\begin{pmatrix} p & q \end{pmatrix}\begin{pmatrix} a \\ c \end{pmatrix} = \begin{pmatrix} ap + cq \end{pmatrix}, \qquad \begin{pmatrix} a \\ c \end{pmatrix}\begin{pmatrix} p & q \end{pmatrix} = \begin{pmatrix} ap & aq \\ cp & cq \end{pmatrix}$$

$(l \times \underline{m}$ 型行列$)(\underline{m} \times n$ 型行列$) = (l \times n$ 型行列$)$

行列の演算　A, B, C は行列，k, l は実数，O は零行列，E は単位行列とする．

(1)　$A + B = B + A$　　（交換法則）
(2)　$(A + B) + C = A + (B + C)$　　（結合法則）
(3)　$A + O = O + A = A$
(4)　$(AB)C = A(BC)$　　（結合法則）
(5)　$(A + B)C = AC + BC$, $C(A + B) = CA + CB$　（分配法則）
(6)　$k(A + B) = kA + kB$, $(k + l)A = kA + lA$,
　　$(kl)A = k(lA)$, $(kA)B = A(kB) = k(AB)$
(7)　$0A = O$, $kO = O$, $1A = A$, $AO = OA = O$, $AE = EA = A$

可　換　一般に $AB = BA$ が成り立つとは限らない．

$AB = BA$ が成り立つとき，行列 A と B は**可換**であるという．

転置行列　$m \times n$ 型行列 A の行と列を入れ換えてできる $n \times m$ 型行列を A の**転置行列**といい，${}^tA$ で表す．行列 A, B について，次が成り立つ（k は実数）．

(1)　${}^t(A + B) = {}^tA + {}^tB$　　(2)　${}^t(kA) = k\,{}^tA$
(3)　${}^t(AB) = {}^tB\,{}^tA$　　(4)　${}^t({}^tA) = A$

対称行列・交代行列　正方行列 A について，${}^tA = A$ が成り立つとき，A を**対称行列**という．また ${}^tA = -A$ が成り立つとき，A を**交代行列**という．

一般に次が成り立つ．

(1)　$A + {}^tA$ は対称行列　　(2)　$A - {}^tA$ は交代行列

A

1　行列 $A = \begin{pmatrix} 1 & 2 & 3 & -2 \\ 0 & 4 & 7 & 3.2 \\ \sqrt{3} & -5 & -0.5 & 9 \end{pmatrix}$ とする．　◀教問 2.1

(1)　A の型を述べよ．　　(2)　A の $(1,4)$ 成分を答えよ．

(3)　A の $(3,3)$ 成分を答えよ．　　(4)　-5 は A の何成分か．

2　次の等式が成り立つように，a, b, c, d を定めよ．　教問 **2.2**

(1)　$\begin{pmatrix} a & 2 \\ 3 & 5 \end{pmatrix} = \begin{pmatrix} 4 & 2 \\ b & b+2 \end{pmatrix}$

(2)　$\begin{pmatrix} 2a+b & 5a+c \\ 0 & -a+b \end{pmatrix} = \begin{pmatrix} 5 & 7 \\ 0 & -1 \end{pmatrix}$

(3)　$\begin{pmatrix} -6 & a+b \\ b+2c & -c+d \end{pmatrix} = \begin{pmatrix} 3a & -7 \\ 9 & 4 \end{pmatrix}$

3　次の行列の計算をせよ．　教問 **2.3**

(1)　$2\begin{pmatrix} 1 & -3 \\ 2 & 5 \end{pmatrix} - \begin{pmatrix} 3 & -7 \\ 6 & 0 \end{pmatrix}$　　(2)　$\begin{pmatrix} 5 & 2 \\ -4 & -1 \end{pmatrix} - 4\begin{pmatrix} 1 & 0 \\ 0 & 1 \end{pmatrix}$

(3)　$-2\begin{pmatrix} 1 & -1 \\ 3 & 0 \\ 8 & 4 \end{pmatrix} + 5\begin{pmatrix} 0 & 4 \\ 2 & -3 \\ -1 & 3 \end{pmatrix}$

4　$A = \begin{pmatrix} 5 & 3 \\ -2 & 1 \end{pmatrix}$, $B = \begin{pmatrix} -3 & 2 \\ 4 & 1 \end{pmatrix}$ のとき，次の式を満たす行列 X を求めよ．　教問 **2.3**

(1)　$A - 2X = B$

(2)　$A - (2B - 3X) = 2(X - A)$

(3)　$2(2A - 3B) - 3(X + A) = -5(X + 2B)$

5　$A = \begin{pmatrix} 1 & 1 & 1 \\ 0 & 1 & 1 \\ 0 & 0 & 1 \end{pmatrix}$, $B = \begin{pmatrix} 1 & 2 & 0 \\ 0 & 3 & 1 \\ -1 & 0 & 4 \end{pmatrix}$ のとき，次の式を同時に満たす行列 X, Y を求めよ．　教問 **2.3**

(1)　$\begin{cases} X + Y = 2A \\ X - Y = 4B \end{cases}$　　(2)　$\begin{cases} 2X - Y = A + 2B \\ X - Y = 3A + B \end{cases}$

6　次の行列の積を計算せよ．　教問 2.4

(1) $\begin{pmatrix} 5 & 3 \\ 1 & -1 \end{pmatrix}\begin{pmatrix} 2 \\ 6 \end{pmatrix}$　(2) $\begin{pmatrix} 7 & 2 \\ -1 & 3 \end{pmatrix}\begin{pmatrix} 2 & -3 \\ 0 & 4 \end{pmatrix}$　(3) $\begin{pmatrix} 2 & 3 \end{pmatrix}\begin{pmatrix} -1 & 7 \\ 3 & 5 \end{pmatrix}$

(4) $\begin{pmatrix} 5 & -1 \end{pmatrix}\begin{pmatrix} 3 \\ 8 \end{pmatrix}$　(5) $\begin{pmatrix} 3 & -2 \\ 0 & 5 \end{pmatrix}\begin{pmatrix} -1 & 3 & 1 \\ 7 & 2 & 4 \end{pmatrix}$　(6) $\begin{pmatrix} 1 & 3 \\ 2 & 3 \end{pmatrix}^2$

(7) $\begin{pmatrix} 5 & 3 & -4 \\ 1 & 2 & 2 \\ 3 & 1 & 0 \end{pmatrix}\begin{pmatrix} 2 \\ 1 \\ 6 \end{pmatrix}$　(8) $\begin{pmatrix} 4 & 0 & -3 \end{pmatrix}\begin{pmatrix} 2 & 3 & 1 \\ 8 & -1 & 2 \\ 1 & 3 & 3 \end{pmatrix}$

(9) $\begin{pmatrix} 4 & 1 & 8 & 2 \\ 2 & -2 & 0 & 3 \end{pmatrix}\begin{pmatrix} 1 & 3 \\ -3 & 4 \\ 0 & 1 \\ 5 & -1 \end{pmatrix}$　(10) $\begin{pmatrix} 7 & 0 & -3 \\ 1 & 4 & 1 \\ -1 & 6 & 2 \end{pmatrix}\begin{pmatrix} 2 & -2 & 1 \\ 0 & 1 & 5 \\ 3 & 4 & -1 \end{pmatrix}$

7　$A = \begin{pmatrix} 1 & 0 \\ -1 & 1 \end{pmatrix}$, $B = \begin{pmatrix} 2 & 3 \\ -1 & 1 \end{pmatrix}$, $C = \begin{pmatrix} 1 \\ 2 \end{pmatrix}$, $D = \begin{pmatrix} 1 & 2 & 0 \end{pmatrix}$, $F = \begin{pmatrix} 1 & 0 & -1 \\ 2 & 3 & 1 \end{pmatrix}$, $G = \begin{pmatrix} 1 & 2 \\ 0 & 1 \\ 3 & 5 \end{pmatrix}$ のとき，次を計算せよ．計算が定義されないものは「定義されない」と答えよ．　教問 2.4

(1) AB　(2) DC　(3) $2AC$　(4) GC　(5) DG
(6) GD　(7) $(A+2B)C$　(8) DGA　(9) $(FG)^2$

8　$A = \begin{pmatrix} -2 & 3 \\ 3 & 0 \end{pmatrix}$ のとき，A と可換な行列 X を求めよ．　教問 2.6

9　正方行列 A について，次の等式が成り立つことを示せ．ここで，E は単位行列である．　教問 2.7

(1) $(A+3E)(A-2E) = A^2 + A - 6E$
(2) $(A-E)^3 = A^3 - 3A^2 + 3A - E$

10　行列 A と B が可換なとき，次の等式が成り立つことを示せ．　**教問 2.7**

(1)　$(A+B)(A-B)=A^2-B^2$

(2)　$(A+B)^3=A^3+3A^2B+3AB^2+B^3$

解く前に　行列 A と B が可換なとき，二項定理

$$(A+B)^n=A^n+{}_n\mathrm{C}_1A^{n-1}B+\cdots+{}_n\mathrm{C}_rA^{n-r}B^r+\cdots+B^n$$

が成り立つ．ここで，${}_n\mathrm{C}_r$ は n 個から r 個取り出す組合せの総数を表す．

11　次の行列の転置行列を求めよ．　**教問 2.8**

(1)　$A=\begin{pmatrix}-2 & 5\\ 1 & 0\\ 3 & -4\end{pmatrix}$　　(2)　$B=\begin{pmatrix}0.3 & 7 & -1\end{pmatrix}$

(3)　$C=\begin{pmatrix}8 & 2\\ 3 & -1\end{pmatrix}$

12　**7** の行列 A, B, C について，次を計算せよ．　**教問 2.10，演習問題 A の 1**

(1)　${}^tA+A$　　(2)　${}^tA\,{}^tB$　　(3)　${}^tB\,{}^tA$　　(4)　${}^tCA$

13　行列 $A=\begin{pmatrix}3 & -5\\ 7 & 4\end{pmatrix}$, $B=\begin{pmatrix}2 & 1\\ 3 & -4\end{pmatrix}$ について，次の問いに答えよ．

教問 2.10

(1) $A+{}^tA$, $A-{}^tA$ を求めよ．

(2) A を対称行列と交代行列の和で表せ．

(3) $B+{}^tB$, $B-{}^tB$ を求めよ．

(4) B を対称行列と交代行列の和で表せ．

14　行列 $A=\begin{pmatrix}2 & 2 & 0\\ 0 & 2 & 2\\ 0 & 0 & 2\end{pmatrix}$, $B=\begin{pmatrix}3 & 6 & 10\\ 4 & 5 & 2\\ 8 & 4 & 7\end{pmatrix}$ をそれぞれ対称行列と交代行列の和で表せ．　**教問 2.10，演習問題 A の 2**

B

例題 2.1 行列のある行とある列で区切ってできる行列を**小行列**（または区分け）などという．小行列を利用して，次の行列の積を計算せよ．

$$A=\begin{pmatrix}1&2&1\\-1&3&2\\1&-1&3\end{pmatrix},\quad B=\begin{pmatrix}1&4\\2&-1\\3&-2\end{pmatrix}$$

解 次のように $A=\left(\begin{array}{cc|c}1&2&1\\-1&3&2\\\hline 1&-1&3\end{array}\right)$ と区切ると，4つの小行列ができる．

$A_1=\begin{pmatrix}1&2\\-1&3\end{pmatrix}$，$A_2=\begin{pmatrix}1\\2\end{pmatrix}$，$A_3=\begin{pmatrix}1&-1\end{pmatrix}$，$A_4=\begin{pmatrix}3\end{pmatrix}$ とおくと，

$A=\begin{pmatrix}A_1&A_2\\A_3&A_4\end{pmatrix}$ と表せる．

$B=\begin{pmatrix}1&4\\2&-1\\3&-2\end{pmatrix}$ について，$B_1=\begin{pmatrix}1&4\\2&-1\end{pmatrix}$，$B_2=\begin{pmatrix}3&-2\end{pmatrix}$ とおくと，

$B=\begin{pmatrix}B_1\\B_2\end{pmatrix}$ と表せる．

$A_1B_1=\begin{pmatrix}5&2\\5&-7\end{pmatrix}$，$A_2B_2=\begin{pmatrix}3&-2\\6&-4\end{pmatrix}$，$A_3B_1=\begin{pmatrix}-1&5\end{pmatrix}$，$A_4B_2=\begin{pmatrix}9&-6\end{pmatrix}$ だから $AB=\begin{pmatrix}A_1&A_2\\A_3&A_4\end{pmatrix}\begin{pmatrix}B_1\\B_2\end{pmatrix}=\begin{pmatrix}A_1B_1+A_2B_2\\A_3B_1+A_4B_2\end{pmatrix}=\begin{pmatrix}8&0\\11&-11\\8&-1\end{pmatrix}$

■**補足** 小行列を利用して行列の積を計算するときは，各小行列どうしの積が定義されるよう小行列を作るようにしよう．

小行列でできた行列

$$A = \begin{pmatrix} A_{11} & \cdots & A_{1q} \\ \vdots & \ddots & \vdots \\ A_{p1} & \cdots & A_{pq} \end{pmatrix}, \quad B = \begin{pmatrix} B_{11} & \cdots & B_{1r} \\ \vdots & \ddots & \vdots \\ B_{q1} & \cdots & B_{qr} \end{pmatrix}$$

とする．A, B の各小行列どうしの積が定義されるとき

$$AB = \begin{pmatrix} C_{11} & \cdots & \cdots & \cdots & C_{1r} \\ \vdots & \ddots & \cdots & \cdots & \vdots \\ \vdots & \cdots & C_{lm} & \cdots & \vdots \\ \vdots & \cdots & \cdots & \ddots & \vdots \\ C_{p1} & \cdots & \cdots & \cdots & C_{pr} \end{pmatrix} \qquad \left(C_{lm} = \sum_{j=1}^{q} A_{lj}B_{jm}\right)$$

■

例題 2.2　2 次正方行列 $A = \begin{pmatrix} a & b \\ c & d \end{pmatrix}$ について，次の問いに答えよ．

(1)　$A^2 - (a+d)A + (ad-bc)E = O$ が成り立つことを示せ．ここで E は単位行列，O は零行列である．これを 2 次の**ハミルトン–ケーリーの定理**という（第 5 章参照）．

(2)　$A = \begin{pmatrix} 1 & 2 \\ 1 & 0 \end{pmatrix}$ に対し，A^3 を求めよ．

解　(1)　$(\text{左辺}) = \begin{pmatrix} a & b \\ c & d \end{pmatrix}^2 - (a+d)\begin{pmatrix} a & b \\ c & d \end{pmatrix} + (ad-bc)\begin{pmatrix} 1 & 0 \\ 0 & 1 \end{pmatrix}$

$$= \begin{pmatrix} a^2+bc & ab+bd \\ ac+cd & bc+d^2 \end{pmatrix} - \begin{pmatrix} (a+d)a & (a+d)b \\ (a+d)c & (a+d)d \end{pmatrix} + \begin{pmatrix} ad-bc & 0 \\ 0 & ad-bc \end{pmatrix}$$

$= O = (\text{右辺})$

(2)　ハミルトン–ケーリーの定理より

$$A^2 - (1+0)A + (1 \cdot 0 - 2 \cdot 1)E = O$$

が成り立つ．つまり，

$$A^2 - A - 2E = O \quad \cdots ①$$

である．よって

$$A^2 = A + 2E$$

$$A^3 = A^2A = (A+2E)A = A^2 + 2A \quad \longleftarrow A^2 = A + 2E \text{ を繰り返し使おう！}$$

$$= (A+2E) + 2A = 3A + 2E$$

$$= 3\begin{pmatrix} 1 & 2 \\ 1 & 0 \end{pmatrix} + 2\begin{pmatrix} 1 & 0 \\ 0 & 1 \end{pmatrix} = \begin{pmatrix} 5 & 6 \\ 3 & 2 \end{pmatrix} \qquad \therefore \quad A^3 = \begin{pmatrix} 5 & 6 \\ 3 & 2 \end{pmatrix}$$

■

■補足 整式の割り算を利用して，A^n（n は自然数）を求めてみよう．

x^n を $x^2 - x - 2$ で割った余りを $ax + b$ とおくと

$$P(x) = x^n = (x^2 - x - 2)(\text{商の式}) + ax + b$$

$$= (x+1)(x-2)(\text{商の式}) + ax + b$$

となる．$P(-1) = -a + b = (-1)^n$ ···②, $P(2) = 2a + b = 2^n$ ···③ であるから，②, ③より $a = \dfrac{1}{3}\{2^n - (-1)^n\}, b = \dfrac{1}{3}\{2^n + 2\cdot(-1)^n\}$ を得る．行列 A, E は可換だから，整式と同様に取り扱えて，

$$A^n = (A^2 - A - 2E)(\text{商の式}) + aA + bE$$

が成り立つ．

①より，$A^n = aA + bE = \dfrac{1}{3}\left[\{2^n - (-1)^n\}A + \{2^n + 2\cdot(-1)^n\}E\right]$

$$= \frac{1}{3}\begin{pmatrix} 2\cdot 2^n + (-1)^n & 2\{2^n - (-1)^n\} \\ 2^n - (-1)^n & 2^n + 2\cdot(-1)^n \end{pmatrix} \quad \cdots ④$$

④に $n = 3$ を代入したものが，(2) と同じ結果になることを確かめられる．

---

15 $A = \begin{pmatrix} 1 & 3 \\ 2 & -1 \end{pmatrix}, B = \begin{pmatrix} 3 & 0 \\ 2 & 5 \end{pmatrix}, C = \begin{pmatrix} 4 \\ -2 \end{pmatrix}$ のとき，次を計算せよ．

(1) $\begin{pmatrix} A & O \\ O & B \end{pmatrix}\begin{pmatrix} A \\ B \end{pmatrix}$ （O は 2×2 型の零行列）

(2) $\begin{pmatrix} A & C \\ {}^tC & 0 \end{pmatrix}\begin{pmatrix} B & O \\ {}^tC & 1 \end{pmatrix}$ （O は 2×1 型の零行列）

16 (i, j) 成分が次の式で表されるような 3 次正方行列を求めよ．

(1) $a_{ij} = (-1)^{i+j}$ (2) $a_{ij} = i + j$

(3) $a_{ij} = \dfrac{3i - j}{i^2}$ (4) $a_{ij} = ij$

17 次の式を簡単にせよ．ただし A, B は同じ型の正方行列，E は単位行列.

(1) $(2A+B)^2-(2A-B)^2$ (2) $(A+3E)^2-(A-3E)^2$

(3) $(A+E)^3-(A-E)^3$

18 $A=\begin{pmatrix}6&3\\2&1\end{pmatrix}, B=\begin{pmatrix}2&a\\b&4\end{pmatrix}$ のとき（O は零行列）

(1) $AB=O$ を満たす a, b の値を定めよ．

(2) $BA=O$ を満たす a, b の値を定めよ．

19 $A=\begin{pmatrix}a&b\\c&d\end{pmatrix}$ について，次の問いに答えよ．ただし O は零行列.

(1) $b=1$ のとき，$A^2=O$ を満たす A を a のみで表せ.

(2) $b=0$ のとき，$A^2=O$ を満たす A を c のみで表せ.

20 実数を成分とする 2 次正方行列 A について，$A\,{}^t\!A=O$ となるような A を求めよ．

21 次の行列 A, B, C と可換な 2 次正方行列をそれぞれ求めよ．

(1) $A=\begin{pmatrix}0&1\\-1&1\end{pmatrix}$ (2) $B=\begin{pmatrix}0&0\\1&0\end{pmatrix}$ (3) $C=\begin{pmatrix}2&3\\3&2\end{pmatrix}$

22 次の行列 A, B と可換な 3 次正方行列をそれぞれ求めよ． （類題　広島大学）

(1) $A=\begin{pmatrix}0&1&0\\0&0&1\\0&0&0\end{pmatrix}$ (2) $B=\begin{pmatrix}\lambda&1&0\\0&\lambda&1\\0&0&\lambda\end{pmatrix}$ （λ は実数）

23 $R(\theta)=\begin{pmatrix}\cos\theta&-\sin\theta\\\sin\theta&\cos\theta\end{pmatrix}$ のとき，$R(\alpha)R(\beta)=R(\alpha+\beta)$ が成り立つことを示せ.

24 $A=\begin{pmatrix}3&-4\\1&-1\end{pmatrix}, B=\begin{pmatrix}2&1\\0&3\end{pmatrix}$ に対し，次を求めよ．

(1) A^4 (2) B^n （n は自然数）

▶解く前に　例題 2.2 参照.

25　$A=\begin{pmatrix}2 & -1\\ 3 & -2\end{pmatrix}$ のとき，等式

$$A^{2n-1}=A,\quad A^{2n}=E\ (n\text{ は自然数})$$

が成り立つことを証明せよ．

26　$A=\begin{pmatrix}4 & 3\\ -3 & -2\end{pmatrix}$ について，次の問いに答えよ．

(1)　A^3 を求めよ．

(2)　n が自然数のとき，等式

$$A^n=nA-(n-1)E$$

が成り立つことを証明せよ．

27　$A=\begin{pmatrix}a & 5\\ 0 & a\end{pmatrix}$（$a$ は実数）のとき，A^n（n は自然数）を求めよ．

28　$A=\begin{pmatrix}a & b\\ c & d\end{pmatrix}$ のとき，$pA+qE=O$ ならば，$p=q=0$ または $A=kE$ であることを示せ．ここで E は単位行列，O は零行列，$p,\,q,\,k$ は実数．

29　$A=\begin{pmatrix}a & b\\ c & d\end{pmatrix}$ が $A^2-3A-10E=O$ を満たしているとき，$a+d,\ ad-bc$ の値を求めよ．

30　$A=\begin{pmatrix}a & b\\ c & d\end{pmatrix}$ が $a=b+c=3,\ A^2-A-2E=O$ を満たすとき，A を求めよ．

31　$A=\begin{pmatrix}1 & 2\\ 1 & 2\end{pmatrix}$ に対し，次の問いに答えよ．ここで E は単位行列，O は零行列．

(1)　$A^2-xA+yE=O$ のとき，x,y を求めよ．

(2)　$S=E+A+A^2+\cdots+A^n$（n は自然数）を求めよ．

2.2 2 次正方行列の逆行列と行列式

逆行列　正方行列 A に対して，$AX = XA = E$ となる行列 X が存在するとき X を A の**逆行列**といい，$X = A^{-1}$ で表す．A^{-1}《A インバース》が存在するとき，A は**正則**《せいそく》であるという．

2 次の行列式　$A = \begin{pmatrix} a & b \\ c & d \end{pmatrix}$ のとき，A の行列式を $|A|$（または $\det A$《デターミナント A》）で表し $|A| = ad - bc$

2 次正方行列の逆行列　$A = \begin{pmatrix} a & b \\ c & d \end{pmatrix}$ に対して，

$|A| = ad - bc \neq 0$ のとき，A は正則で $A^{-1} = \dfrac{1}{|A|}\begin{pmatrix} d & -b \\ -c & a \end{pmatrix}$

$|A| = ad - bc = 0$ のとき，A^{-1} は存在しない．

正則行列の性質　正則行列 A, B について，次が成り立つ．

(1)　$(A^{-1})^{-1} = A$　　(2)　$({}^tA)^{-1} = {}^t(A^{-1})$　　(3)　$(AB)^{-1} = B^{-1}A^{-1}$

2 元連立 1 次方程式の解法　連立 1 次方程式 $\begin{cases} ax + by = \alpha \\ cx + dy = \beta \end{cases}$ の係数行列 $A = \begin{pmatrix} a & b \\ c & d \end{pmatrix}$ が正則のとき，その解は

$$\begin{pmatrix} x \\ y \end{pmatrix} = A^{-1}\begin{pmatrix} \alpha \\ \beta \end{pmatrix} = \frac{1}{|A|}\begin{pmatrix} d & -b \\ -c & a \end{pmatrix}\begin{pmatrix} \alpha \\ \beta \end{pmatrix}$$

A が正則でないとき，その解は無数にあるか存在しない．

A

32　次の行列が正則かどうか調べ，正則ならばその逆行列を求めよ．

◀教問 2.11

(1) $\begin{pmatrix} 5 & -1 \\ 3 & 2 \end{pmatrix}$ (2) $\begin{pmatrix} \cos\theta & -\sin\theta \\ \sin\theta & \cos\theta \end{pmatrix}$ (3) $\begin{pmatrix} 1 & -1 \\ -2 & 2 \end{pmatrix}$

(4) $\begin{pmatrix} 0 & 3 \\ 2 & 0 \end{pmatrix}$ (5) $\begin{pmatrix} 1 & 3 \\ 2 & 3 \end{pmatrix}$

33 行列 $P = \begin{pmatrix} -1 & 3 \\ 2 & 1 \end{pmatrix}$, $Q = \begin{pmatrix} 2 & 1 \\ -2 & 4 \end{pmatrix}$ とする．このとき，行列 $PQ = \begin{pmatrix} a & b \\ c & d \end{pmatrix}$ とすれば，$c + d = \boxed{\text{ア}}$ である．また，$P + Q$ の逆行列は $(P+Q)^{-1} = \begin{pmatrix} \boxed{\text{イ}} & * \\ * & * \end{pmatrix}$ である．$\boxed{\text{ア}}$, $\boxed{\text{イ}}$ に当てはまる数を答えよ．

教問 2.11

34 $A = \begin{pmatrix} 3 & 4 \\ -1 & 1 \end{pmatrix}$, $P = \begin{pmatrix} 5 & -1 \\ 0 & 2 \end{pmatrix}$, $Q = \begin{pmatrix} -3 & 2 \end{pmatrix}$ のとき，次を満たす行列 X を求めよ．

教問 2.12

(1) $AX = P$ (2) $XA = P$ (3) $AX = {}^tQ$ (4) $XA = Q$

35 行列 $A = \begin{pmatrix} 1 & -2 \\ -1 & 3 \end{pmatrix}$, $B = \begin{pmatrix} 2 & 3 \\ 3 & 5 \end{pmatrix}$ のとき，次の計算をせよ．

(1) $(AB)^{-1}$ (2) $({}^tA)^{-1}$ (3) $\left({}^t(AB)\right)^{-1}$

教演習問題 A の 1

36 行列を用いて次の連立 1 次方程式を解け．

教問 2.13

(1) $\begin{cases} 2x - y = -3 \\ 3x + y = 4 \end{cases}$ (2) $\begin{cases} 3x - 2y = -2 \\ -6x + 4y = 2 \end{cases}$

(3) $\begin{cases} x - 6y = \dfrac{1}{2} \\ -2x + 12y = -1 \end{cases}$ (4) $\begin{cases} x + 3y = 4 \\ 2x - 3y = 1 \end{cases}$

B

例題 2.3 行列を用いて次の連立 1 次方程式を解け．ただし a は実数である．

$$\begin{cases} ax - \ \ y = -2 \\ -x + ay = 2 \end{cases}$$

解　与えられた連立方程式を行列で表すと $\begin{pmatrix} a & -1 \\ -1 & a \end{pmatrix}\begin{pmatrix} x \\ y \end{pmatrix} = \begin{pmatrix} -2 \\ 2 \end{pmatrix}$ となる．

係数行列を $A = \begin{pmatrix} a & -1 \\ -1 & a \end{pmatrix}$ とおくと，その行列式は

$$|A| = \begin{vmatrix} a & -1 \\ -1 & a \end{vmatrix} = a^2 - 1 = (a+1)(a-1)$$

(i)　$|A| \neq 0$ の場合．つまり $a \neq 1,\ a \neq -1$ のとき，A は正則で

$A^{-1} = \dfrac{1}{(a+1)(a-1)}\begin{pmatrix} a & 1 \\ 1 & a \end{pmatrix}$ である．したがって

$$\begin{pmatrix} x \\ y \end{pmatrix} = \frac{1}{(a+1)(a-1)}\begin{pmatrix} a & 1 \\ 1 & a \end{pmatrix}\begin{pmatrix} -2 \\ 2 \end{pmatrix} = \begin{pmatrix} \dfrac{-2}{a+1} \\ \dfrac{2}{a+1} \end{pmatrix}$$

(ii)　$|A| = 0$ の場合．

（ア）　$a = 1$ のとき，$\begin{cases} x - y = -2 \\ -x + y = 2 \end{cases}$ となり，この 2 つの式は同値だから

$y = t$ とおくと，$x = t - 2$ となる．したがって

$$\begin{pmatrix} x \\ y \end{pmatrix} = \begin{pmatrix} t-2 \\ t \end{pmatrix} \quad (t \text{ は任意の実数})$$

（イ）　$a = -1$ のとき，$\begin{cases} -x - y = -2 & \cdots ① \\ -x - y = 2 & \cdots ② \end{cases}$ となる．① − ② より

$0 = -4$ であるから矛盾する．したがって，解はない．

■**補足**　一般に，次が成り立つ．

(連立方程式の係数行列の行列式) $\neq 0$　$\Longleftrightarrow$　ただ 1 つの解をもつ
(連立方程式の係数行列の行列式) $= 0$　$\Longleftrightarrow$　無数の解をもつ．または解なし．■

37　次の行列が正則とならないような実数 k の値を求めよ．

(1)　$\begin{pmatrix} k & 4 \\ 3 & 2 \end{pmatrix}$　　(2)　$\begin{pmatrix} 3k & k+1 \\ 4 & 1 \end{pmatrix}$

(3) $\begin{pmatrix} k+1 & 2 \\ 5 & k-2 \end{pmatrix}$ (4) $\begin{pmatrix} k^3-2 & k \\ 2k-1 & 1 \end{pmatrix}$

38 行列 $A=\begin{pmatrix} k & k-1 \\ 1 & k \end{pmatrix}$ は実数 k の値にかかわらず正則であることを証明せよ.

39 次の行列が逆行列をもつ条件を求め，そのときの逆行列を求めよ.

(1) $\begin{pmatrix} k & 0 \\ 0 & k-1 \end{pmatrix}$ (2) $\begin{pmatrix} k+1 & 1 \\ 5 & k-3 \end{pmatrix}$

40 $A=\begin{pmatrix} 1 & -2 \\ 1 & 5 \end{pmatrix}$, $B=\begin{pmatrix} 2 & -1 \\ -5 & 3 \end{pmatrix}$, $C=\begin{pmatrix} 1 & 3 \\ 2 & 5 \end{pmatrix}$ のとき，次の等式を満たす行列 X を求めよ.

(1) $AXB=E$ (2) $AXB=C$

(3) $A^{-1}XA=B+C$ (4) $BXB^{-1}=2A+C$

41 行列を用いて次の連立 1 次方程式を解け. ただし k は実数である.

$$\begin{cases} (k-1)x+2y=1 \\ 3x+(k-2)y=k-3 \end{cases}$$

42 次の問いに答えよ.

(1) 次の連立 1 次方程式が解を 1 つだけもつための条件を求めよ.

$$\begin{cases} ax+4y=0 \\ x+ay=0 \end{cases}$$

(2) 次の連立 1 次方程式の解が存在しないのは，$a^2=\square$ の場合である. $\square$ にあてはまる数を求めよ.

$$\begin{cases} ax+4y=1 \\ x+ay=1 \end{cases}$$

43 正方行列 $A=\begin{pmatrix} 3 & 1 \\ 2 & 4 \end{pmatrix}$, $P=\begin{pmatrix} 1 & 1 \\ -1 & 2 \end{pmatrix}$ について，次の問いに答えよ.

(1) $P^{-1}AP$ を計算せよ. (2) A^n（n は自然数）を求めよ.

2.3 行列の基本変形とその応用

行（または列）に関する基本変形　行列に対して，次の 3 つの操作を行（または列）に関する**基本変形**という．

(I)　2 つの行（または列）を入れ替える．

(II)　ある行（または列）に 0 でない実数を掛ける．

(III)　ある行（または列）に別の行（または列）の実数倍を加える．

行列の階数　行に関する基本変形を有限回行うことにより，任意の行列は次のような**階段行列**とよばれる行列に変形できる．ここで $j_1 < j_2 < \cdots < j_r$ であり，$a_{1j_1}, a_{2j_2}, \ldots, a_{rj_r}$ は 0 でない．

$$A \to \cdots \xrightarrow{\text{行基本変形}} \cdots \to \left(\begin{array}{cccccccccc} 0 & \cdots & 0 & a_{1j_1} & * & \cdots & \cdots & \cdots & \cdots & * \\ 0 & \cdots & 0 & \cdots & 0 & a_{2j_2} & * & \cdots & \cdots & * \\ \vdots & \vdots & \vdots & \vdots & \vdots & \vdots & \vdots & \vdots & \vdots & \vdots \\ 0 & \cdots & \cdots & \cdots & \cdots & 0 & 0 & a_{rj_r} & \cdots & * \\ 0 & 0 & 0 & 0 & 0 & 0 & 0 & 0 & 0 & 0 \\ \vdots & \vdots & \vdots & \vdots & \vdots & \vdots & \vdots & \vdots & \vdots & \vdots \\ 0 & 0 & 0 & 0 & 0 & 0 & 0 & 0 & 0 & 0 \end{array}\right) \quad \text{（上の } r \text{ 行：} r \text{ 段）}$$

階段行列の階段の数 r を A の**階数**（またはランク）といい

$$\operatorname{rank} A = r$$

で表す．階数は基本変形の仕方によらず，一定である．

転置行列の階数　$m \times n$ 型行列 A について

$$\operatorname{rank} A = \operatorname{rank} {}^tA$$

掃き出し法　連立 1 次方程式の係数行列を A，定数項ベクトルを $\overrightarrow{b}$，拡大係数行列を $\left(A \,\middle|\, \overrightarrow{b}\right)$ とする．$\left(A \,\middle|\, \overrightarrow{b}\right)$ をより簡単な階段行列 $\left(A' \,\middle|\, \overrightarrow{b'}\right)$ へ行基本変形し，解が求められる．

$$\left(A \,\middle|\, \overrightarrow{b}\right) \to \cdots \xrightarrow{\text{行基本変形}} \cdots \to \left(A' \,\middle|\, \overrightarrow{b'}\right)$$

解の自由度と階数 n 個の変数 $x_1, x_2, \ldots, x_n$ に関する m 個の連立1次方程式

$$\begin{cases} a_{11}x_1 + a_{12}x_2 + \cdots + a_{1n}x_n = b_1 \\ a_{21}x_1 + a_{22}x_2 + \cdots + a_{2n}x_n = b_2 \\ \qquad\qquad\vdots \\ a_{m1}x_1 + a_{m2}x_2 + \cdots + a_{mn}x_n = b_m \end{cases}$$ が解をもつとき，

その**解の自由度**（媒介変数の個数）を d，係数行列を A とすると $d = n - \mathrm{rank}\,A$

階数と連立1次方程式 n 個の変数 $x_1, x_2, \ldots, x_n$ に関する

m 個の連立1次方程式 $$\begin{cases} a_{11}x_1 + a_{12}x_2 + \cdots + a_{1n}x_n = b_1 \\ a_{21}x_1 + a_{22}x_2 + \cdots + a_{2n}x_n = b_2 \\ \qquad\qquad\vdots \\ a_{m1}x_1 + a_{m2}x_2 + \cdots + a_{mn}x_n = b_m \end{cases}$$

の係数行列を A，定数項ベクトルを $\overrightarrow{b} = \begin{pmatrix} b_1 \\ \vdots \\ b_m \end{pmatrix}$，拡大係数行列を $\left(A \,\middle|\, \overrightarrow{b}\right)$ とするとき，次が成り立つ．

(I) $\mathrm{rank}\,A = \mathrm{rank}\left(A \,\middle|\, \overrightarrow{b}\right) = n \iff$ 連立1次方程式はただ1組の解をもつ

(II) $\mathrm{rank}\,A = \mathrm{rank}\left(A \,\middle|\, \overrightarrow{b}\right) < n \iff$ 連立1次方程式は無数の解をもち解の自由度は $n - \mathrm{rank}\,A$

(III) $\mathrm{rank}\,A \neq \mathrm{rank}\left(A \,\middle|\, \overrightarrow{b}\right) \iff$ 連立1次方程式の解はない

階数と同次連立1次方程式 変数が n 個の同次連立1次方程式の係数行列を A とするとき

$\mathrm{rank}\,A < n \iff$ 同次連立1次方程式は自明でない解をもち，解の自由度は $n - \mathrm{rank}\,A$

$\mathrm{rank}\,A = n \iff$ 同次連立1次方程式は自明な解のみもつ

■注意　**自明な解**とは，変数ベクトルが零ベクトルのときをいう．

掃き出し法による逆行列 n 次正則行列を A とすると，掃き出し法により A^{-1} が求められる．

$$\left(A \,\middle|\, E\right) \to \cdots \xrightarrow{\text{行基本変形}} \cdots \to \left(E \,\middle|\, A^{-1}\right)$$

階数と正則行列 n 次正方行列 A に対して

$$\mathrm{rank}\,A = n \iff A \text{ は正則}$$

A

44　次の行列の階数を求めよ.　（(5)：九州大学）　◀教問 2.14

(1)　$A=\begin{pmatrix} 2 & -1 \\ 1 & 3 \end{pmatrix}$　(2)　$B=\begin{pmatrix} 1 & -1 & 2 \\ 3 & 4 & -1 \\ -1 & -2 & 1 \end{pmatrix}$　(3)　$C=\begin{pmatrix} 2 & 0 & 0 \\ 1 & 2 & 3 \\ -2 & 5 & 2 \end{pmatrix}$

(4)　$D=\begin{pmatrix} 1 & -1 & 2 & -3 \\ 2 & 0 & 2 & -2 \\ -2 & 1 & -3 & 4 \end{pmatrix}$　(5)　$F=\begin{pmatrix} 1 & -2 & 3 \\ -1.5 & 3 & -4.5 \end{pmatrix}$

45　次の連立 1 次方程式を掃き出し法で解け.　◀教問 2.15

(1)　$\begin{cases} x-2y+z=0 \\ 2x+y-z=-5 \\ 3x-y+3z=10 \end{cases}$　(2)　$\begin{cases} -x+y+z=1 \\ x+y+2z=3 \\ 5x-y+z=3 \end{cases}$

(3)　$\begin{cases} 2x+y+z=-1 \\ x+y-2z=4 \\ 3x+2y-z=2 \end{cases}$　(4)　$\begin{cases} x-3y+4z=-1 \\ 2x-6y+8z=-2 \\ -3x+9y-12z=3 \end{cases}$

46　次の同次連立 1 次方程式を解け.　◀教問 2.16

(1)　$\begin{cases} 2x-y-3z=0 \\ x-3y+2z=0 \\ x+2y-5z=0 \end{cases}$　(2)　$\begin{cases} x+2y+3z-2w=0 \\ 2x+y-5z+w=0 \\ -x-y+4z-3w=0 \end{cases}$

47　次の行列の逆行列を求めよ.　（(4)：電気通信大学）　◀教問 2.17

(1)　$\begin{pmatrix} 1 & 0 & 0 \\ 6 & 2 & 0 \\ 7 & -1 & 3 \end{pmatrix}$　(2)　$\begin{pmatrix} 2 & 2 & 5 \\ 0 & 1 & 3 \\ -1 & 0 & 3 \end{pmatrix}$

(3)　$\begin{pmatrix} 1 & 1 & -1 \\ 2 & 3 & 4 \\ 4 & 4 & -3 \end{pmatrix}$　(4)　$\begin{pmatrix} 0 & 1 & -1 \\ 3 & 0 & -4 \\ -1 & 1 & 0 \end{pmatrix}$

48 次の正方行列が正則かどうかを，階数を求めることにより判定せよ．

◀教 問 2.18

(1) $A = \begin{pmatrix} -3 & 0 & 3 \\ 1 & -1 & -2 \\ 4 & 2 & -2 \end{pmatrix}$ (2) $B = \begin{pmatrix} -2 & 1 & -1 \\ 2 & 3 & 4 \\ 1 & 1 & 3 \end{pmatrix}$

B

例題 2.4 次のベクトルの組が 1 次独立か 1 次従属か判定せよ．また，1 次従属であるときは，$\overrightarrow{x_1}$ を他のベクトルを用いて表せ．

(1) $\overrightarrow{x_1} = \begin{pmatrix} 1 \\ 0 \\ 4 \end{pmatrix}, \overrightarrow{x_2} = \begin{pmatrix} 1 \\ 1 \\ 5 \end{pmatrix}, \overrightarrow{x_3} = \begin{pmatrix} -1 \\ 3 \\ 1 \end{pmatrix}$

(2) $\overrightarrow{x_1} = \begin{pmatrix} 1 \\ -1 \\ 1 \end{pmatrix}, \overrightarrow{x_2} = \begin{pmatrix} 1 \\ 0 \\ 2 \end{pmatrix}, \overrightarrow{x_3} = \begin{pmatrix} 2 \\ -3 \\ 1 \end{pmatrix}$

解く前に 一般に，与えられた n 個のベクトル $\overrightarrow{x_1}, \overrightarrow{x_2}, \ldots, \overrightarrow{x_n}$ を並べてできる行列を $X = \begin{pmatrix} \overrightarrow{x_1} & \overrightarrow{x_2} & \cdots & \overrightarrow{x_n} \end{pmatrix}$ とかくと，X の階数について次のことが成り立つ．

$\overrightarrow{x_1}, \overrightarrow{x_2}, \ldots, \overrightarrow{x_n}$ が 1 次独立 $\iff$ $\operatorname{rank} X = n$

$\overrightarrow{x_1}, \overrightarrow{x_2}, \ldots, \overrightarrow{x_n}$ が 1 次従属 $\iff$ $\operatorname{rank} X < n$

このことを利用して，計算してみよう．

解 (1) $$\operatorname{rank}\begin{pmatrix} 1 & 1 & -1 \\ 0 & 1 & 3 \\ 4 & 5 & 1 \end{pmatrix} \underset{3\text{行}-1\text{行}\times 4}{=} \operatorname{rank}\begin{pmatrix} 1 & 1 & -1 \\ 0 & 1 & 3 \\ 0 & 1 & 5 \end{pmatrix}$$ ←階段行列へ変形しよう．

$$\underset{3\text{行}-2\text{行}}{=} \operatorname{rank}\begin{pmatrix} 1 & 1 & -1 \\ 0 & 1 & 3 \\ 0 & 0 & 2 \end{pmatrix} = 3$$ ←3 段の階段行列．

したがって，与えられた 3 つのベクトルは 1 次独立である．

(2)　$\mathrm{rank}\begin{pmatrix}1 & 1 & 2\\ -1 & 0 & -3\\ 1 & 2 & 1\end{pmatrix} \underset{\substack{3\text{行}-1\text{行}\\ 2\text{行}+1\text{行}}}{=} \mathrm{rank}\begin{pmatrix}1 & 1 & 2\\ 0 & 1 & -1\\ 0 & 1 & -1\end{pmatrix}$

$\underset{3\text{行}-2\text{行}}{=} \mathrm{rank}\begin{pmatrix}1 & 1 & 2\\ 0 & 1 & -1\\ 0 & 0 & 0\end{pmatrix} = 2$

したがって，与えられた3つのベクトルは1次従属である．

$\overrightarrow{x_1} = a\overrightarrow{x_2} + b\overrightarrow{x_3}$ とおくと，$\begin{pmatrix}1\\ -1\\ 1\end{pmatrix} = a\begin{pmatrix}1\\ 0\\ 2\end{pmatrix} + b\begin{pmatrix}2\\ -3\\ 1\end{pmatrix}$

よって，$a = b = \dfrac{1}{3}$　　$\therefore\ \overrightarrow{x_1} = \dfrac{1}{3}\overrightarrow{x_2} + \dfrac{1}{3}\overrightarrow{x_3}$　■

49　次のベクトルの組が1次独立か1次従属か判定せよ．1次従属であるときは，最初のベクトルを他のベクトルを用いて表せ．　((4)：類題　熊本大学)

(1)　$\begin{pmatrix}1\\ -2\end{pmatrix}, \begin{pmatrix}-2\\ 4\end{pmatrix}$　　(2)　$\begin{pmatrix}1\\ 4\\ 2\end{pmatrix}, \begin{pmatrix}-2\\ 1\\ 8\end{pmatrix}, \begin{pmatrix}3\\ 2\\ 1\end{pmatrix}$

(3)　$\begin{pmatrix}-1\\ 2\\ 3\end{pmatrix}, \begin{pmatrix}2\\ 3\\ -4\end{pmatrix}, \begin{pmatrix}0\\ 7\\ 2\end{pmatrix}$　　(4)　$\begin{pmatrix}1\\ 1\\ 0\end{pmatrix}, \begin{pmatrix}0\\ 1\\ 1\end{pmatrix}, \begin{pmatrix}1\\ 0\\ 1\end{pmatrix}$

50　次の行列の階数を求めよ．ただし a は実数である．

(1)　$\begin{pmatrix}1 & a & a\\ a & 1 & a\\ a & a & 1\end{pmatrix}$　　(2)　$\begin{pmatrix}2 & 2 & a\\ 2 & a & a\\ a & a & a\end{pmatrix}$

(3)　$\begin{pmatrix}1 & 2 & -1 & 2\\ 4 & 6 & -3 & 5\\ -1 & 2 & -2 & 5\\ 2 & 2 & -2 & 3\end{pmatrix}$　　(4)　$\begin{pmatrix}3 & -1 & 16 & -15\\ 6 & -8 & 23 & -18\\ 2 & 1 & 13 & -13\\ 8 & -13 & 18 & -1\end{pmatrix}$

51 次の連立1次方程式を掃き出し法で解け．また，係数行列および拡大係数行列の階数を求めよ．

(1) $\begin{cases} 4x-6y+2z=2 \\ 6x-9y+3z=3 \\ 2x-3y+z=1 \end{cases}$　　(2) $\begin{cases} 2x+y+z=2 \\ 4x+2y+3z=5 \\ 2x+y+2z=3 \end{cases}$

(3) $\begin{cases} 3x-y-2z=-5 \\ x+2y-3z=-4 \\ -x-2y+3z=3 \end{cases}$　　(4) $\begin{cases} 2x-3y-z=-2 \\ 3x-y-2z=0 \\ x-5y=-4 \end{cases}$

(5) $\begin{cases} x+y+z+2w=-1 \\ x+2y-z+3w=2 \\ 3x+4y+z+7w=1 \\ 2x+2y+2z+4w=-1 \end{cases}$　　(6) $\begin{cases} 2x+y-2z=3 \\ x+y-3z+w=2 \\ 3x+y-6z+w=4 \\ 4x+2y-9z+2w=6 \end{cases}$

52 次の連立1次方程式が解をもつように k の値を定め，そのときの解を求めよ．

$$\begin{cases} x+2y-2z=3k-2 \\ 2x-y+6z=-1 \\ 5x+10z=-k \end{cases}$$

53 次の行列の逆行列を求めよ．

(1) $\begin{pmatrix} 1 & 0 & 0 & 0 \\ 0 & 2 & 0 & 0 \\ 0 & 0 & 3 & 0 \\ 0 & 0 & 0 & -1 \end{pmatrix}$　　(2) $\begin{pmatrix} 1 & 3 & 1 & 2 \\ 0 & 1 & 0 & 0 \\ -1 & 3 & 0 & -1 \\ 0 & 2 & 0 & -1 \end{pmatrix}$　　(3) $\begin{pmatrix} 1 & -1 & 1 & 1 \\ 3 & 0 & 1 & 4 \\ 3 & -3 & 3 & 4 \\ -1 & 1 & -2 & 1 \end{pmatrix}$

54 連立方程式 $\begin{pmatrix} 2 & 1 & -1 \\ 1 & -1 & a \\ -1 & 2 & b \end{pmatrix}\begin{pmatrix} x \\ y \\ z \end{pmatrix}=\begin{pmatrix} 1 \\ 2 \\ 2 \end{pmatrix}$ について，次の問いに答えよ．

ただし，a および b は任意の実数とする．　（北海道大学）

(1)　この連立方程式が解をもたないために実数 a および b が満たすべき条件を求めよ．

(2)　この連立方程式が一意の解をもつために実数 a および b が満たすべき条件を求めよ．また，そのときの解を求めよ．

C 発展問題

55 2 次の正方行列 $A = \begin{pmatrix} -1 & 2 \\ 3 & -6 \end{pmatrix}$ について，次の問いに答えよ．

（富山大学）

(1) $AX = O$ を満たす 2 次正方行列 X をすべて求めよ．
ここで O は零行列である．

(2) $AX = O, XA \neq O$ を満たす X を求めよ．

(3) 次の等式が成り立つとき，x, y の値を求めよ．

$$A^2 + xA + yE = O$$

ここで E は 2 次単位行列である．

(4) $A^4 + 2A^3 - 32A^2 + 14A + 5E$ を計算せよ．

56 次の行列が逆行列をもつときの x の条件を求めよ．また，そのときの逆行列を求めよ．

（名古屋工業大学）

$$\begin{pmatrix} 1 & 1 & 1 \\ x & 0 & 1 \\ x^2 & 0 & 1 \end{pmatrix}$$

57 a, b を実数とし，正方行列 $A = \begin{pmatrix} 1 & a & 1 & 1 \\ 1 & 1 & a & 1 \\ 1 & 1 & 1 & a \\ a & 1 & 1 & 1 \end{pmatrix}$, $B = \begin{pmatrix} 1 & 1 & 1 & b \\ b & 1 & 1 & 1 \\ 1 & b & 1 & 1 \\ 1 & 1 & b & 1 \end{pmatrix}$ を考える．

（埼玉大学）

(1) A の階数を求めよ．

(2) 積 AB が単位行列になるような a, b の組をすべて求めよ．

58 $A = \begin{pmatrix} a & 1 & 0 \\ 0 & a & 1 \\ 0 & 0 & a \end{pmatrix}$ のとき，A^n を求めよ．ただし n は自然数．

59 次の連立1次方程式が解をもつための条件（a の値）を求め，その条件のもとでの一般解を示せ．（豊橋技術科学大学）

$$\begin{cases} x+y-2z+u=2 \\ -x-2y+3z-u=3 \\ 2x+y-3z+2u=a \end{cases}$$

60 $A=\begin{pmatrix} -2 & -6 \\ 2 & 5 \end{pmatrix}$ を 2×2 型行列，$M=\begin{pmatrix} -I & 2A^{-1} \\ A & O \end{pmatrix}$ を 4×4 型行列とするとき，次の問いに答えよ．（I は単位行列，O は零行列）（電気通信大学）

(1) M の逆行列 M^{-1} を求めよ．

(2) $\begin{pmatrix} x \\ y \\ z \\ w \end{pmatrix} \in \mathbb{R}^4$ について，$M\begin{pmatrix} x \\ y \\ z \\ w \end{pmatrix}=\begin{pmatrix} x \\ y \\ z \\ w \end{pmatrix}$ の解を求めよ．

61 実数 a に対して，次の連立1次方程式が解をもつかどうか調べよ．また，解が一意でない場合には一般解を求めよ．（東京工業大学）

$$\begin{cases} x+ay+a^2z+a^3w=1 \\ a^3x+y+az+a^2w=-1 \\ a^2x+a^3y+z+aw=1 \\ ax+a^2y+a^3z+w=-1 \end{cases}$$

62 実数 a と，次の行列 A について次の問いに答えよ．（愛媛大学）

$$A=\begin{pmatrix} 1 & 2-a & 3 \\ 1 & 1-a & 1-2a \\ -1 & -a & -1-2a \end{pmatrix}$$

(1) A の階数を求めよ．

(2) 同次連立方程式 $A\boldsymbol{x}=\boldsymbol{0}$ が非自明な解をもつような実数 a の値を求めよ．（注意：$\boldsymbol{x}$ は $\overrightarrow{x}$，$\boldsymbol{0}$ は $\overrightarrow{0}$ のことである．）

(3) (2) の a に対し，$A\boldsymbol{x}=\begin{pmatrix} 1 \\ 2 \\ -1 \end{pmatrix}$ を解け．

3 行 列 式

3.1 2次および3次の行列式

2次正方行列の行列式

$$\det\begin{pmatrix} a & b \\ c & d \end{pmatrix} =$$

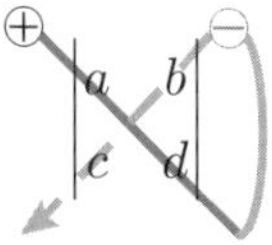

$$= ad - bc =$$「斜めに掛けて引く」

3次正方行列の行列式（サラスの公式）

$$\begin{vmatrix} a_{11} & a_{12} & a_{13} \\ a_{21} & a_{22} & a_{23} \\ a_{31} & a_{32} & a_{33} \end{vmatrix} =$$

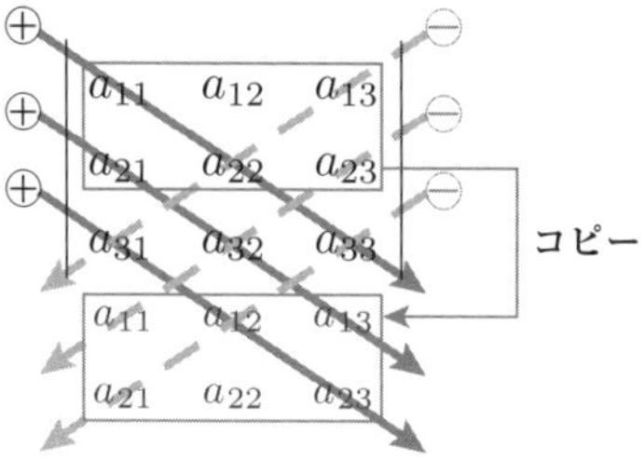

$$= a_{11}a_{22}a_{33} + a_{12}a_{23}a_{31} + a_{13}a_{21}a_{32} - a_{13}a_{22}a_{31} - a_{12}a_{21}a_{33} - a_{11}a_{23}a_{32}$$

行列式の基本性質

(1)　対角行列や三角行列の行列式は，対角成分の積に等しい．

$$\begin{vmatrix} a_{11} & 0 & 0 \\ 0 & a_{22} & 0 \\ 0 & 0 & a_{33} \end{vmatrix} = \begin{vmatrix} a_{11} & 0 & 0 \\ a_{21} & a_{22} & 0 \\ a_{31} & a_{32} & a_{33} \end{vmatrix} = \begin{vmatrix} a_{11} & a_{12} & a_{13} \\ 0 & a_{22} & a_{23} \\ 0 & 0 & a_{33} \end{vmatrix} = a_{11}a_{22}a_{33}$$

(2)　ある行（列）の成分がすべて 0 であれば，行列式の値は **0**.

(3)　2 つの行（列）が等しければ，行列式の値は **0**.

(4)　1 つの行（列）を α 倍すると行列式の値は α 倍される．

(5)　1 つの行（列）が 2 つの行（列）ベクトルの和に分解されるとき，行列式を 2 つの行列式の和にわけることができる．

■注意　(4), (5) をあわせて**行列式の行に関する線形性**という．

(6)　ある行(列)の実数倍を他の行(列)に加えても行列式の値は変わらない．

■**注意**　(6) は行列式を計算する際に特に有効である．

(7)　2 つの行を入れ替えると行列式の符号が変わる．

(8)　（**転置不変性**）転置行列の行列式はもとの行列の行列式と等しい．

$$\left|{}^{t}A\right| = |A|$$

(9)　（**行列式の乗法公式**）行列の積の行列式は行列式の積に等しい．

$$|AB| = |A|\,|B|$$

(10)　（**逆行列の行列式**）A が正則ならば，$|A| \neq 0$ かつ $\left|A^{-1}\right| = \dfrac{1}{|A|}$

行列式の展開　行列 A から第 i 行と第 j 列を除いてできる 1 つサイズの小さい行列を D_{ij} とするとき，$\widetilde{a}_{ij} = (-1)^{i+j}\,|D_{ij}|$ （(i,j)**余因子**《よいんし》）と定義する．3 次正方行列 $A = \left(a_{ij}\right)$ に対して次が成り立つ．

第 i 行に関する展開：　$|A| = a_{i1}\widetilde{a}_{i1} + a_{i2}\widetilde{a}_{i2} + a_{i3}\widetilde{a}_{i3}$

第 j 列に関する展開：　$|A| = a_{1j}\widetilde{a}_{1j} + a_{2j}\widetilde{a}_{2j} + a_{3j}\widetilde{a}_{3j}$

逆行列の公式　3 次正方行列 $A = \left(a_{ij}\right)$ の逆行列は，$|A| \neq 0$ のとき次で与えられる．

$$A^{-1} = \frac{1}{|A|}\widetilde{A} \quad \left(\widetilde{A} = {}^{t}\begin{pmatrix} \widetilde{a}_{11} & \widetilde{a}_{12} & \widetilde{a}_{13} \\ \widetilde{a}_{21} & \widetilde{a}_{22} & \widetilde{a}_{23} \\ \widetilde{a}_{31} & \widetilde{a}_{32} & \widetilde{a}_{33} \end{pmatrix} \text{ 余因子行列：転置に注意！}\right)$$

クラメールの公式

(1)　$|A| = \begin{vmatrix} a_{11} & a_{12} \\ a_{21} & a_{22} \end{vmatrix} \neq 0$ ならば連立 1 次方程式 $\begin{cases} a_{11}x + a_{12}y = b_1 \\ a_{21}x + a_{22}y = b_2 \end{cases}$ の

解は

$$x = \frac{1}{|A|}\begin{vmatrix} b_1 & a_{12} \\ b_2 & a_{22} \end{vmatrix}, \quad y = \frac{1}{|A|}\begin{vmatrix} a_{11} & b_1 \\ a_{21} & b_2 \end{vmatrix}$$

(2)　$|A| = \begin{vmatrix} a_{11} & a_{12} & a_{13} \\ a_{21} & a_{22} & a_{23} \\ a_{31} & a_{32} & a_{33} \end{vmatrix} \neq 0$ ならば

連立 1 次方程式 $\begin{cases} a_{11}x + a_{12}y + a_{13}z = b_1 \\ a_{21}x + a_{22}y + a_{23}z = b_2 \\ a_{31}x + a_{32}y + a_{33}z = b_3 \end{cases}$ の解は

$$x = \frac{1}{|A|}\begin{vmatrix} b_1 & a_{12} & a_{13} \\ b_2 & a_{22} & a_{23} \\ b_3 & a_{32} & a_{33} \end{vmatrix}, \quad y = \frac{1}{|A|}\begin{vmatrix} a_{11} & b_1 & a_{13} \\ a_{21} & b_2 & a_{23} \\ a_{31} & b_3 & a_{33} \end{vmatrix}, \quad z = \frac{1}{|A|}\begin{vmatrix} a_{11} & a_{12} & b_1 \\ a_{21} & a_{22} & b_2 \\ a_{31} & a_{32} & b_3 \end{vmatrix}$$

平行四辺形の面積　2 つの平面ベクトル $\overrightarrow{a} = \begin{pmatrix} a_1 \\ a_2 \end{pmatrix}$, $\overrightarrow{b} = \begin{pmatrix} b_1 \\ b_2 \end{pmatrix}$ が作る平行四辺形の面積 S は

$$S = \left|\det\begin{pmatrix} \overrightarrow{a} & \overrightarrow{b} \end{pmatrix}\right| = \left|\det\begin{pmatrix} a_1 & b_1 \\ a_2 & b_2 \end{pmatrix}\right| = |a_1b_2 - a_2b_1|$$

平行六面体の体積　空間ベクトル $\overrightarrow{a}$, $\overrightarrow{b}$, $\overrightarrow{c}$ の作る平行六面体の体積 V は

$$V = \left|\left(\overrightarrow{a} \times \overrightarrow{b}\right) \cdot \overrightarrow{c}\right| = \left|\det\begin{pmatrix} \overrightarrow{a} & \overrightarrow{b} & \overrightarrow{c} \end{pmatrix}\right|$$

ベクトルの外積　空間ベクトル $\overrightarrow{a} = {}^t\begin{pmatrix} a_1 & a_2 & a_3 \end{pmatrix}$, $\overrightarrow{b} = {}^t\begin{pmatrix} b_1 & b_2 & b_3 \end{pmatrix}$ に対して**外積**《がいせき》は

$$\overrightarrow{a} \times \overrightarrow{b} = {}^t\begin{pmatrix} \begin{vmatrix} a_2 & b_2 \\ a_3 & b_3 \end{vmatrix} & \begin{vmatrix} a_3 & b_3 \\ a_1 & b_1 \end{vmatrix} & \begin{vmatrix} a_1 & b_1 \\ a_2 & b_2 \end{vmatrix} \end{pmatrix}$$

■注意　$\left|\overrightarrow{a} \times \overrightarrow{b}\right| = \left(\overrightarrow{a}, \overrightarrow{b}\right.$ が作る平行四辺形の面積$\left.\right)$

$\left(\overrightarrow{a} \times \overrightarrow{b}\right) \cdot \overrightarrow{a} = \left(\overrightarrow{a} \times \overrightarrow{b}\right) \cdot \overrightarrow{b} = 0$

A

1　$A = \begin{pmatrix} 5 & -8 \\ -3 & 7 \end{pmatrix}$, $B = \begin{pmatrix} 1 & 4 \\ -2 & -1 \end{pmatrix}$ とするとき，次の行列式の値を求めよ.　◀教問 3.1

(1)　$|A|$　　(2)　$|B|$　　(3)　$|{}^tA|$　　(4)　$|AB|$

2 次の方程式を解け．ただし a, b は実数とする．　◀教問 3.1

(1) $\begin{vmatrix} 1-x & 4 \\ 3 & 2-x \end{vmatrix}=0$　　(2) $\begin{vmatrix} 1-x & 9 \\ 1 & 1-x \end{vmatrix}=0$　　(3) $\begin{vmatrix} a-x & b \\ b & a-x \end{vmatrix}=0$

3 $A=\begin{pmatrix} 2 & -1 \\ 4 & -3 \end{pmatrix}$, $B=\begin{pmatrix} 5 & 3 \\ -2 & -2 \end{pmatrix}$ のとき，行列式 $|AB|$ の値を求めよ．

◀教問 3.1

4 サラスの公式を用いて次の行列式の値を求めよ．

((2)：関西大学，(3)：山梨大学)　◀教問 3.2

(1) $\begin{vmatrix} 0 & 4 & 0 \\ 1 & 3 & 5 \\ 2 & 0 & 7 \end{vmatrix}$　　(2) $\begin{vmatrix} 1 & 0 & 1 \\ 0 & 1 & 1 \\ 2 & 0 & 1 \end{vmatrix}$　　(3) $\begin{vmatrix} 2 & 0 & -1 \\ 3 & 2 & 4 \\ 1 & -2 & 0 \end{vmatrix}$

5 次の行列式の値を求めよ．　◀教問 3.3

(1) $\begin{vmatrix} -1 & 0 & 0 \\ -8 & 5 & 0 \\ 2 & 7 & 2 \end{vmatrix}$　　(2) $\begin{vmatrix} 1 & 2 & 3 \\ 0 & 0 & 0 \\ 4 & 5 & 6 \end{vmatrix}$

(3) $\begin{vmatrix} 1 & 2 & 3 \\ 4 & 5 & 6 \\ 4 & 5 & 6 \end{vmatrix}$　　(4) $\begin{vmatrix} 1 & 2 & 4 \\ 2 & 4 & 5 \\ 3 & 6 & 12 \end{vmatrix}$

6 3 次正方行列 $A=\begin{pmatrix} a_1 & b_1 & c_1 \\ a_2 & b_2 & c_2 \\ a_3 & b_3 & c_3 \end{pmatrix}$ の行列式の値を k とするとき，次の行列式の値を k を用いて表せ．　◀教問 3.3

(1) $\begin{vmatrix} b_1 & a_1 & c_1 \\ b_2 & a_2 & c_2 \\ b_3 & a_3 & c_3 \end{vmatrix}$　　(2) $\begin{vmatrix} a_1 & b_1 & c_1 \\ 5a_2 & 5b_2 & 5c_2 \\ a_3 & b_3 & c_3 \end{vmatrix}$

7　行列式 $\begin{vmatrix} 2 & 1 & -1 \\ 4 & 2 & 1 \\ 4 & 1 & 6 \end{vmatrix}$ の値を次の 2 通りの方法で求めよ．　教例 **3.3，3.4**

(1)　第 1 行の -2 倍を第 2 行と第 3 行に加えてから，第 2 行と第 3 行を入れ替える．

(2)　第 2 列の -2 倍を第 1 列に，第 2 列を第 3 列にそれぞれ加えてから，第 1 列と第 2 列を入れ替え，さらに，第 2 列と第 3 列を入れ替える．

8　$A = \begin{pmatrix} 5 & 0 & 0 \\ 3 & -2 & 0 \\ 1 & 4 & 1 \end{pmatrix}$, $B = \begin{pmatrix} 2 & -2 & 1 \\ 0 & 1 & 3 \\ 0 & 0 & 1 \end{pmatrix}$ とする．次の行列式の値を求めよ．　教問 **3.3**

(1)　$|A|$　　(2)　$|{}^t BAB|$

9　行列式 $\begin{vmatrix} 3 & -2 & 2 \\ 1 & 0 & 2 \\ 1 & -2 & 4 \end{vmatrix}$ の値を次の 2 通りの方法で求めよ．

（東北大学）　教問 **3.4**

(1)　第 1 列の -2 倍を第 3 列に足してから，第 2 行で展開する．

(2)　第 2 行の -1 倍を第 1 行に，第 2 行の -2 倍を第 3 行にそれぞれ足してから，第 3 列で展開する．

10　行列式 $\begin{vmatrix} 1 & 1 & 1 \\ 1 & x & x^2 \\ 1 & y & y^2 \end{vmatrix}$ を因数分解せよ．　教問 **3.5**

11　次の方程式を解け．　教問 **3.5**

(1)　$\begin{vmatrix} 1 & 1 & 1 \\ x & 1 & 2 \\ x^2 & 1 & 4 \end{vmatrix} = 0$　　(2)　$\begin{vmatrix} x & 0 & 30 \\ -1 & x & -16 \\ 0 & -1 & 2 \end{vmatrix} = 0$

12　次の行列の行列式，余因子行列および逆行列を求めよ．

（(1)：類題　北見工業大学，(2)：類題　鳥取大学）　◀教問 3.6

(1)　$A = \begin{pmatrix} 1 & 0 & -1 \\ 2 & 1 & 1 \\ 0 & 1 & 2 \end{pmatrix}$　　(2)　$A = \begin{pmatrix} 1 & 0 & 1 \\ 2 & 2 & 4 \\ 1 & 1 & 1 \end{pmatrix}$

13　次の連立 1 次方程式をクラメールの公式を用いて解け．

（(2)：関西大学）　◀教問 3.7

(1)　$\begin{pmatrix} a & a+1 \\ a-1 & a \end{pmatrix} \begin{pmatrix} x \\ y \end{pmatrix} = \begin{pmatrix} 1 \\ 1 \end{pmatrix}$　　(2)　$\begin{pmatrix} 2 & 1 & 1 \\ 4 & 2 & 3 \\ 2 & 0 & 2 \end{pmatrix} \begin{pmatrix} x \\ y \\ z \end{pmatrix} = \begin{pmatrix} 2 \\ 5 \\ 4 \end{pmatrix}$

(3)　$\begin{cases} (a+2)x+y+2z=a+10 \\ (a+3)x+(b+1)y+3z=a+2b+14 \\ (a+c+2)x+y+(c+2)z=a+4c+10 \end{cases}$　（ただし $a,\ b,\ c$ は 0 でない実数とする）

B

例題 3.1　$\overrightarrow{a} = {}^t(a_1\ \ a_2\ \ a_3)$ と $\overrightarrow{b} = {}^t(b_1\ \ b_2\ \ b_3)$ は零ベクトルでないとする．

(1)　次の連立 1 次方程式を解け．

$$\begin{cases} a_1x + a_2y + a_3z = 0 \\ b_1x + b_2y + b_3z = 0 \end{cases} \quad (\text{ただし } \overrightarrow{a} \text{ と } \overrightarrow{b} \text{ は平行でないとする})$$

(2)　次を示せ．

$$\text{ベクトル } \overrightarrow{a} \text{ と } \overrightarrow{b} \text{ が平行} \iff {}^t\left(\begin{vmatrix} a_2 & a_3 \\ b_2 & b_3 \end{vmatrix} \ \ \begin{vmatrix} a_3 & a_1 \\ b_3 & b_1 \end{vmatrix} \ \ \begin{vmatrix} a_1 & a_2 \\ b_1 & b_2 \end{vmatrix} \right) = {}^t(0\ \ 0\ \ 0)$$

解く前に　外積は次のように計算する．

${}^t\overrightarrow{a}$ と ${}^t\overrightarrow{b}$ を上下に並べて，第 1 列を第 3 列の後に付け加え，①, ②, ③の順に行列式を計算する．

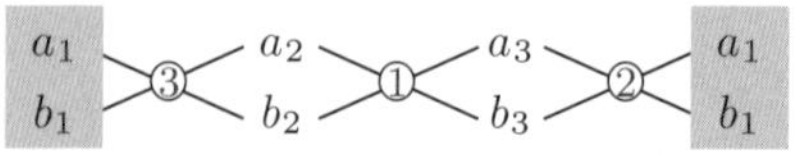

$\Longrightarrow \quad \overrightarrow{a} \times \overrightarrow{b} = {}^t(①\ \ ②\ \ ③)$

解　(1)　条件式より，ベクトル ${}^t(x\ \ y\ \ z)$ はベクトル $\overrightarrow{a} = {}^t(a_1\ \ a_2\ \ a_3)$ と

ベクトル $\overrightarrow{b} = {}^t(b_1 \quad b_2 \quad b_3)$ との内積が0だから，$\overrightarrow{a}$ と $\overrightarrow{b}$ の両方に垂直である．一方で，$\overrightarrow{a}$ と $\overrightarrow{b}$ の外積 $\overrightarrow{a} \times \overrightarrow{b}$ は $\overrightarrow{a}$ と $\overrightarrow{b}$ の両方に垂直なベクトルだから，${}^t(x \quad y \quad z)$ は外積 $\overrightarrow{a} \times \overrightarrow{b}$ に平行である．

よって，$\overrightarrow{a} \times \overrightarrow{b} = {}^t\left(\begin{vmatrix} a_2 & a_3 \\ b_2 & b_3 \end{vmatrix} \quad \begin{vmatrix} a_3 & a_1 \\ b_3 & b_1 \end{vmatrix} \quad \begin{vmatrix} a_1 & a_2 \\ b_1 & b_2 \end{vmatrix}\right)$ より

$$x : y : z = \begin{vmatrix} a_2 & a_3 \\ b_2 & b_3 \end{vmatrix} : \begin{vmatrix} a_3 & a_1 \\ b_3 & b_1 \end{vmatrix} : \begin{vmatrix} a_1 & a_2 \\ b_1 & b_2 \end{vmatrix}$$

(2)　$\overrightarrow{a} \times \overrightarrow{b} = {}^t\left(\begin{vmatrix} a_2 & a_3 \\ b_2 & b_3 \end{vmatrix} \quad \begin{vmatrix} a_3 & a_1 \\ b_3 & b_1 \end{vmatrix} \quad \begin{vmatrix} a_1 & a_2 \\ b_1 & b_2 \end{vmatrix}\right)$ だから，$\overrightarrow{a}$ と $\overrightarrow{b}$ のなす角を θ とすると

$${}^t\left(\begin{vmatrix} a_2 & a_3 \\ b_2 & b_3 \end{vmatrix} \quad \begin{vmatrix} a_3 & a_1 \\ b_3 & b_1 \end{vmatrix} \quad \begin{vmatrix} a_1 & a_2 \\ b_1 & b_2 \end{vmatrix}\right) = {}^t(0\ 0\ 0) \iff |\overrightarrow{a} \times \overrightarrow{b}| = |\overrightarrow{a}||\overrightarrow{b}|\sin\theta = 0$$

（$\overrightarrow{a}$ と $\overrightarrow{b}$ は0でないベクトルで，$0 \leqq \theta \leqq \pi$ だから）

$$\iff \quad \sin\theta = 0 \quad \iff \quad \theta = 0, \pi \quad \iff \quad \overrightarrow{a} と \overrightarrow{b} は平行$$ ■

14　次の連立1次方程式を解け．

(1) $\begin{cases} x - \ \ y - z = 0 \\ x + 2y + z = 0 \end{cases}$　(2) $\begin{cases} 5x + 7y - z = 0 \\ 3x - 2y + z = 0 \end{cases}$　(3) $\begin{cases} x - y = 0 \\ y - 3z = 0 \end{cases}$

15　次の行列式の値を求めよ．　（(2)：愛媛大学）

(1) $\begin{vmatrix} 2013 & 2014 & 2015 \\ 2014 & 2015 & 2016 \\ 2015 & 2016 & 2017 \end{vmatrix}$　(2) $\begin{vmatrix} 56 & 4 & -2 \\ 6 & 54 & -2 \\ 180 & 120 & -10 \end{vmatrix}$

16　次の方程式を解け．

(1) $\begin{vmatrix} -x & -4 & -4 \\ 2 & 6-x & 8 \\ -1 & -2 & -3-x \end{vmatrix} = 0$　(2) $\begin{vmatrix} -x & -3 & -4 \\ 2 & 7-x & 8 \\ -1 & -3 & -3-x \end{vmatrix} = 0$

17　次の等式を証明せよ．

(1) $\begin{vmatrix} a+x & a+y & a+z \\ b+x & b+y & b+z \\ c+x & c+y & c+z \end{vmatrix} = 0$

(2) $\begin{vmatrix} a_1+b_1 & b_1+c_1 & c_1+a_1 \\ a_2+b_2 & b_2+c_2 & c_2+a_2 \\ a_3+b_3 & b_3+c_3 & c_3+a_3 \end{vmatrix} = 2\begin{vmatrix} a_1 & b_1 & c_1 \\ a_2 & b_2 & c_2 \\ a_3 & b_3 & c_3 \end{vmatrix}$

18 次の行列式を因数分解せよ． ((1)：金沢大学)

(1) $\begin{vmatrix} a & b & b \\ b & a & b \\ b & b & a \end{vmatrix}$ (2) $\begin{vmatrix} 1 & a & a^3 \\ 1 & b & b^3 \\ 1 & c & c^3 \end{vmatrix}$

(3) $\begin{vmatrix} 1 & 1 & 1 \\ a^3 & a^2 & a \\ b^3 & b^2 & b \end{vmatrix}$ (4) $\begin{vmatrix} bc & b+c & 1 \\ ca & c+a & 1 \\ ab & a+b & 1 \end{vmatrix}$

19 $A = \begin{pmatrix} a & 1 & 0 \\ 1 & a & 1 \\ 0 & 1 & a \end{pmatrix}$ とおく．A が逆行列をもつための条件を求め，さらにその場合に逆行列を求めよ． (東京工業大学)

20 起電力 E_1 [V], E_2 [V], E_3 [V] で，内部抵抗を無視できる 3 個の電池に R_1 [Ω], R_2 [Ω], R_3[Ω] の抵抗を図のようにつないだ．各抵抗 R_k ($k=1,2,3$) を流れる電流を I_k ($k=1,2,3$) とおき，図のような向きにその流れを仮定するとき，次の関係式が成り立つ．このとき I_1, I_2, I_3 を E_1, E_2, E_3 と R_1, R_2, R_3 で表せ．

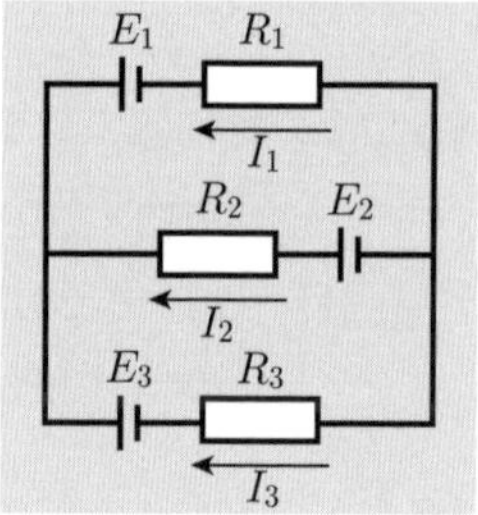

$$\begin{cases} I_1+I_2+I_3=0 \\ I_1R_1-I_2R_2=E_1-E_2 \\ I_2R_2-I_3R_3=E_2-E_3 \end{cases}$$

◀教問 3.8

21 平面上の 3 点 A(1, 3), B(2, 5), C(3, −1) が与えられたとき，ベクトル $\overrightarrow{\mathrm{AB}}$, $\overrightarrow{\mathrm{AC}}$ が作る平行四辺形の面積 $S_{\square}$ と三角形 △ABC の面積 $S_{\triangle}$ を求めよ．

22 空間の 4 点 A(1, −2, 1), B(3, −2, 2), C(1, −1, 2), D(4, 0, 1) が与えられたとき，ベクトル $\overrightarrow{\mathrm{AB}}$, $\overrightarrow{\mathrm{AC}}$, $\overrightarrow{\mathrm{AD}}$ が作る平行六面体の体積 V_1 および四面体

ABCDの体積 V_2 を求めよ．また，外積 $\overrightarrow{\mathrm{AB}} \times \overrightarrow{\mathrm{AC}}$ およびベクトル $\overrightarrow{\mathrm{AB}}$, $\overrightarrow{\mathrm{AC}}$ が作る平行四辺形の面積 S を求めよ．

23 次の問いに答えよ．ただし a, b, c, d は実数とする．

(1) 零ベクトルでない2つのベクトル $\overrightarrow{v} = \begin{pmatrix} a \\ b \end{pmatrix}$, $\overrightarrow{w} = \begin{pmatrix} c \\ d \end{pmatrix}$ が平行であることと，$\begin{vmatrix} a & b \\ c & d \end{vmatrix} = 0$ であることは，同値であることを示せ．

(2) 点 (x_0, y_0) を通り，ベクトル $\overrightarrow{v} = \begin{pmatrix} a \\ b \end{pmatrix}$ に平行な直線の方程式は，

$\begin{vmatrix} x - x_0 & y - y_0 \\ a & b \end{vmatrix} = 0$ で与えられることを示せ．

(3) 異なる2点 (x_0, y_0), (x_1, y_1) を通る直線の方程式は，

$\begin{vmatrix} x - x_0 & y - y_0 \\ x_1 - x_0 & y_1 - y_0 \end{vmatrix} = 0$ で与えられることを示せ．

24 同一直線上にない空間の3点 O$(0, 0, 0)$, A(a_1, a_2, a_3), B(b_1, b_2, b_3) について，次のことを示せ．　（(2)：類題　鹿児島大学）

(1) 方程式 $\begin{vmatrix} x & y & z \\ a_1 & a_2 & a_3 \\ b_1 & b_2 & b_3 \end{vmatrix} = 0$ で与えられる平面は，3点O, A, Bを通る．

(2) 点 (x_0, y_0, z_0) を通り，ベクトル $\overrightarrow{\mathrm{OA}}$, $\overrightarrow{\mathrm{OB}}$ に平行な平面の方程式は

$\begin{vmatrix} x - x_0 & y - y_0 & z - z_0 \\ a_1 & a_2 & a_3 \\ b_1 & b_2 & b_3 \end{vmatrix} = 0$ で与えられる．

(3) 同一直線上にない空間の3点 (x_0, y_0, z_0), (x_1, y_1, z_1), (x_2, y_2, z_2) を通る平面の方程式は，$\begin{vmatrix} x - x_0 & y - y_0 & z - z_0 \\ x_1 - x_0 & y_1 - y_0 & z_1 - z_0 \\ x_2 - x_0 & y_2 - y_0 & z_2 - z_0 \end{vmatrix} = 0$ で与えられる．

3.2 n 次の行列式

順列の符号 長さ n の順列 $(p_1, p_2, \ldots, p_n)$ に対して, その**符号** $\mathrm{sgn}(p_1, \ldots, p_n)$ は

$$\mathrm{sgn}(p_1, \ldots, p_n) = \begin{cases} 1 & (\text{偶数回の互換で順列 } (1, 2, \ldots, n) \text{ となる場合}) \\ -1 & (\text{奇数回の互換で順列 } (1, 2, \ldots, n) \text{ となる場合}) \end{cases}$$

行列式の定義 n 次正方行列 $A = \left(a_{ij}\right)$ に対して, A の**行列式** $|A| = \det A$ は $|A| = \det A = \displaystyle\sum_{(p_1, \ldots, p_n)} \mathrm{sgn}(p_1, \ldots, p_n) a_{1p_1} \cdots a_{n\,p_n}$

対角行列と三角行列の行列式

$$\begin{vmatrix} a_{11} & & 0 \\ & \ddots & \\ 0 & & a_{nn} \end{vmatrix} = \begin{vmatrix} a_{11} & \cdots & a_{1n} \\ & \ddots & \vdots \\ 0 & & a_{nn} \end{vmatrix} = \begin{vmatrix} a_{11} & & 0 \\ \vdots & \ddots & \\ a_{n1} & \cdots & a_{nn} \end{vmatrix} = a_{11} \cdots a_{nn}$$

特に, 単位行列 E に関しては, $|E| = 1$

A

25 次の順列の符号を求めよ. ◀教問 3.12

(1) $(1, 3, 4, 2)$ (2) $(1, 4, 5, 3, 2)$ (3) $(1, 3, 5, 4, 6, 2)$

26 次の行列式の値を定義にしたがって計算すると, 0 でない項はそれぞれ 1 項のみ残り, 次のようになる. このとき, 順列 (p_1, p_2, p_3, p_4), (q_1, q_2, q_3, q_4) を求めよ. また, 行列式の値も計算せよ. ◀教問 3.12

(1) $\begin{vmatrix} 0 & 0 & 0 & 1 \\ 0 & 0 & 2 & 0 \\ 0 & 3 & 0 & 0 \\ 4 & 0 & 0 & 0 \end{vmatrix} = \mathrm{sgn}(p_1, p_2, p_3, p_4) a_{1p_1} a_{2p_2} a_{3p_3} a_{4p_4}$

(2) $\begin{vmatrix} 0 & 3 & 0 & 0 \\ 4 & 0 & 0 & 0 \\ 0 & 0 & -1 & 0 \\ 0 & 0 & 5 & 3 \end{vmatrix} = \mathrm{sgn}(q_1, q_2, q_3, q_4) a_{1q_1} a_{2q_2} a_{3q_3} a_{4q_4}$

27　次の行列式の値を定義にしたがって求めよ．　◀教問 3.13

(1) $\begin{vmatrix} 0 & 1 & 0 & 0 \\ 1 & 0 & 0 & 0 \\ 0 & 0 & 0 & 1 \\ 0 & 0 & 1 & 0 \end{vmatrix}$　(2) $\begin{vmatrix} 0 & 0 & 2 & 0 \\ 0 & -1 & 0 & 0 \\ 3 & 0 & 0 & 0 \\ 0 & 0 & 0 & 1 \end{vmatrix}$　(3) $\begin{vmatrix} 0 & 2 & 0 & 0 \\ 0 & 0 & 1 & 0 \\ 0 & 1 & 0 & 1 \\ 2 & 0 & 0 & 0 \end{vmatrix}$

28　次の行列式の値を求めよ．　◀教問 3.14

(1) $\begin{vmatrix} 1 & 0 & 0 & 0 \\ 5 & 3 & 0 & 0 \\ -9 & -7 & 1 & 0 \\ -3 & 2 & 1 & 2 \end{vmatrix}$　(2) $\begin{vmatrix} 0 & 0 & 0 & 1 \\ 0 & 0 & 3 & 5 \\ 0 & 1 & -7 & -9 \\ 2 & 1 & 2 & -3 \end{vmatrix}$　(3) $\begin{vmatrix} 0 & 0 & 0 & 0 & 3 \\ 0 & 0 & 0 & 2 & 0 \\ 0 & 0 & 1 & 0 & 0 \\ 0 & 2 & 0 & 0 & 0 \\ 1 & 0 & 0 & 0 & 0 \end{vmatrix}$

B

例題 3.2　次の等式に現れる順列 $(p_1, p_2, 3, 4)$, (q_1, q_2, q_3, q_4) を求め，行列式の値を計算せよ．

$$\begin{vmatrix} 5 & 0 & 0 & 0 \\ 0 & 1 & 0 & 0 \\ 0 & 0 & 2 & 4 \\ 0 & 0 & -3 & 5 \end{vmatrix} = \mathrm{sgn}(p_1, p_2, 3, 4) a_{1p_1} a_{2p_2} a_{33} a_{44} + \mathrm{sgn}(q_1, q_2, q_3, q_4) a_{1q_1} a_{2q_2} a_{3q_3} a_{4q_4}$$

解　行列式の定義より，各行から順に列番号が重複しないように，数を選び，積をとって符号を掛けたものを足し合わせればよいから，0 でない項は

$$\mathrm{sgn}(1, 2, 3, 4) a_{11} a_{22} a_{33} a_{44} + \mathrm{sgn}(1, 2, 4, 3) a_{11} a_{22} a_{34} a_{43}$$
$$= +5 \cdot 1 \cdot 2 \cdot 5 - 5 \cdot 1 \cdot 4 \cdot (-3) = 110$$

$\therefore$ $(p_1, p_2, 3, 4) = (1, 2, 3, 4)$, $(q_1, q_2, q_3, q_4) = (1, 2, 4, 3)$．行列式の値は 110． ■

29　次の行列式の値を定義にしたがって求めよ．

(1) $\begin{vmatrix} 0 & 1 & 2 & 0 \\ 0 & 3 & 1 & 0 \\ 2 & 1 & 1 & 3 \\ 0 & 1 & 1 & 2 \end{vmatrix}$　(2) $\begin{vmatrix} 0 & 0 & 2 & 1 \\ 0 & 0 & 3 & 2 \\ 3 & 4 & 6 & 8 \\ 0 & 5 & 7 & 9 \end{vmatrix}$　(3) $\begin{vmatrix} 1 & 2 & 0 & 0 \\ 2 & 3 & 0 & 0 \\ 3 & 4 & 6 & 8 \\ 4 & 5 & 7 & 0 \end{vmatrix}$

3.3 行列式の基本性質

行列式の基本性質 3.1 節で述べた行列式の基本性質 (1)～(10) は，一般に n 次の行列式で成り立つ.

行列の正則性判定 n 次正方行列 A に対して，次の (1)～(7) は同値である.

(1) A は**正則**（逆行列が存在する）

(2) $|A| \neq 0$ (3) $\mathrm{rank}\, A = n$

(4) A の行ベクトルは **1 次独立**

(5) A の列ベクトルは **1 次独立**

(6) 連立 1 次方程式 $A\overrightarrow{x} = \overrightarrow{b}$ はただ 1 つの解をもつ

(7) 同次連立 1 次方程式 $A\overrightarrow{x} = \overrightarrow{0}$ の解は**自明な解**（$\overrightarrow{x} = \overrightarrow{0}$）のみ

■**注意** 特に，$A\overrightarrow{x} = \overrightarrow{0}$ が自明な解以外の解ももつならば，$|A| = 0$ である.

A

30 5 次正方行列 A の行列式の値 $|A|$ は 2 であった. 次の (1)～(3) の各行列の行列式の値を求めよ.

教 3.8 ～ 3.11

(1) 行列 A の第 5 行に第 1 行の 3 倍を足してから，転置をとった行列.

(2) 行列 A の第 2 列と第 4 列を入れ替えてから，第 3 行を 2 倍した行列.

(3) 行列 A の第 3 行を第 1 行の 2 倍で置き換えた行列.

31 基本変形を用いて次の行列式の値を求めよ.（(3) は因数分解せよ.）

教問 3.16, 3.17

(1) $\begin{vmatrix} 1 & 2 & 3 & 4 \\ 1 & 3 & 4 & 5 \\ 1 & 2 & 4 & 5 \\ 1 & 2 & 3 & 5 \end{vmatrix}$ (2) $\begin{vmatrix} 2 & 1 & 6 & 1 \\ 1 & 2 & 3 & 2 \\ 1 & 3 & 4 & 1 \\ 2 & 3 & 5 & 2 \end{vmatrix}$

(3) $\begin{vmatrix} 1 & b & c & 1 \\ a & ab+1 & ac+b & 2a \\ 1 & b+1 & c+a & b+1 \\ b & b^2 & bc & 2b+c \end{vmatrix}$

32　4 次正方行列 P の行列式の値 $|P|$ は 3 であった．

$$P^{-1}AP = \begin{pmatrix} 1 & 0 & 0 & 0 \\ 0 & 2 & 0 & 0 \\ 0 & 0 & 3 & 0 \\ 0 & 0 & 0 & 4 \end{pmatrix}$$

のとき，次の行列式の値を求めよ．　◀教問 3.18, 3.19

(1)　$|A|$　　(2)　$|AP|$　　(3)　$|P^{-1}|$　　(4)　$|2A|$

解く前に　(4) は $2A = (2E_4)A$（ただし E_4 は 4 次単位行列）

33　次のベクトル（の集合）が 1 次独立かどうかを判定せよ．　◀教問 3.20

(1)　$\vec{a}_1 = \begin{pmatrix} 1 \\ 2 \end{pmatrix}$, $\vec{a}_2 = \begin{pmatrix} -2 \\ -4 \end{pmatrix}$

(2)　$\vec{a}_1 = \begin{pmatrix} 1 \\ 2 \\ 3 \end{pmatrix}$, $\vec{a}_2 = \begin{pmatrix} 1 \\ 1 \\ 2 \end{pmatrix}$, $\vec{a}_3 = \begin{pmatrix} 2 \\ 1 \\ 3 \end{pmatrix}$

(3)　$\vec{a}_1 = \begin{pmatrix} 1 \\ 2 \\ 3 \end{pmatrix}$, $\vec{a}_2 = \begin{pmatrix} 1 \\ 1 \\ 3 \end{pmatrix}$, $\vec{a}_3 = \begin{pmatrix} 2 \\ 1 \\ 3 \end{pmatrix}$

(4)　$\vec{a}_1 = \begin{pmatrix} 1 \\ 2 \\ 3 \end{pmatrix}$, $\vec{a}_2 = \begin{pmatrix} -1 \\ -2 \\ -3 \end{pmatrix}$, $\vec{a}_3 = \begin{pmatrix} 2 \\ 4 \\ 6 \end{pmatrix}$

34　A を 3 次正方行列とする．次の場合に，行列 A が正則かどうかを判定せよ．　◀教 3.18

(1)　$|A| = 2$　　(2)　$\operatorname{rank} A = 2$　　(3)　$\operatorname{rank} A = 3$

(4)　$A\begin{pmatrix} 1 \\ 2 \\ 3 \end{pmatrix} = \begin{pmatrix} 0 \\ 0 \\ 0 \end{pmatrix}$　　(5)　A の第 1 行の 2 倍が第 3 行と一致する．

35 $A=\begin{pmatrix} a & 1 & 1 \\ 1 & a & 1 \\ 1 & 1 & a \end{pmatrix}$ のとき，方程式 $A\begin{pmatrix} x_1 \\ x_2 \\ x_3 \end{pmatrix}=\begin{pmatrix} 0 \\ 0 \\ 0 \end{pmatrix}$ が $x_1=x_2=x_3=0$ 以外の解をもつための実数 a の条件を求めよ．

（類題　高知大学） ◀教 3.18

36 次の 3 つのベクトルが 1 次従属であるとき a の値を求めよ．

（北見工業大学） ◀教 例題 3.7

$$\vec{v}_1=\begin{pmatrix} 1 \\ 1 \\ 0 \end{pmatrix},\quad \vec{v}_2=\begin{pmatrix} 1 \\ 0 \\ 1 \end{pmatrix},\quad \vec{v}_3=\begin{pmatrix} 0 \\ 1 \\ a \end{pmatrix}$$

B

例題 3.3 A, B, C, D を 2 次正方行列，O を 2 次零行列，E を 2 次単位行列とするとき，次の等式が成り立つ（ただし (3) では A が正則であると仮定する）．

(1) $\begin{vmatrix} A & C \\ O & B \end{vmatrix}=\begin{vmatrix} A & O \\ C & B \end{vmatrix}=|A||B|$　　(2) $\begin{vmatrix} A & B \\ B & A \end{vmatrix}=|A+B||A-B|$

(3) $\begin{vmatrix} A & B \\ C & D \end{vmatrix}=|A||D-CA^{-1}B|$

(3) を証明し，(1)〜(3) の結果を用いて次の行列式を因数分解せよ．

（(ii)：埼玉大学）

(i) $\alpha=\begin{vmatrix} a & b & c & d \\ d & a & b & c \\ c & d & a & b \\ b & c & d & a \end{vmatrix}$　　(ii) $\beta=\begin{vmatrix} 0 & 1 & 1 & 1 \\ 1 & 0 & a^2 & b^2 \\ 1 & a^2 & 0 & c^2 \\ 1 & b^2 & c^2 & 0 \end{vmatrix}$

解く前に　(1), (2) は教科書 演習問題 B の 9(1), (2) 参照.

解　**(3) の証明**：$\begin{pmatrix} A & B \\ C & D \end{pmatrix}=\begin{pmatrix} A & 0 \\ C & E \end{pmatrix}\begin{pmatrix} E & A^{-1}B \\ 0 & D-CA^{-1}B \end{pmatrix}$ より，両辺の行列式をとると

$$\begin{vmatrix} A & B \\ C & D \end{vmatrix} = \begin{vmatrix} A & 0 \\ C & E_2 \end{vmatrix} \begin{vmatrix} E_2 & A^{-1}B \\ 0 & D - CA^{-1}B \end{vmatrix}$$

$$= |A||D - CA^{-1}B| \quad ((1)\ を用いた)$$

(i)　$\alpha \underset{(2)\ より}{=} \begin{vmatrix} a+c & b+d \\ b+d & a+c \end{vmatrix} \begin{vmatrix} a-c & b-d \\ -(b-d) & a-c \end{vmatrix}$

$$= \{(a+c)^2 - (b+d)^2\}\{(a-c)^2 + (b-d)^2\}$$

$$= (a+b+c+d)(a-b+c-d)(a^2+b^2+c^2+d^2-2ac-2bd)$$

(ii)　$\beta \underset{(3)\ より}{=} \begin{vmatrix} 0 & 1 \\ 1 & 0 \end{vmatrix} \left| \begin{pmatrix} 0 & c^2 \\ c^2 & 0 \end{pmatrix} - \begin{pmatrix} 1 & a^2 \\ 1 & b^2 \end{pmatrix} \begin{pmatrix} 0 & 1 \\ 1 & 0 \end{pmatrix}^{-1} \begin{pmatrix} 1 & 1 \\ a^2 & b^2 \end{pmatrix} \right|$

$$= \begin{vmatrix} 0 & 1 \\ 1 & 0 \end{vmatrix} \begin{vmatrix} -2a^2 & -(a^2+b^2-c^2) \\ -(a^2+b^2-c^2) & -2b^2 \end{vmatrix}$$

$$= (-1) \cdot \{4a^2b^2 - (a^2+b^2-c^2)^2\}$$

$$= (a^2+b^2-c^2+2ab)(a^2+b^2-c^2-2ab)$$

$$= \{(a+b)^2 - c^2\}\{(a-b)^2 - c^2\}$$

$$= (a+b+c)(a+b-c)(a-b+c)(a-b-c)$$

■

例題 3.4　ベクトル

$$\overrightarrow{a}_1 = \begin{pmatrix} 1 \\ 1 \\ 2 \end{pmatrix}, \quad \overrightarrow{a}_2 = \begin{pmatrix} 1 \\ 2 \\ 3 \end{pmatrix}, \quad \overrightarrow{a}_3 = \begin{pmatrix} 1 \\ 3 \\ -2 \end{pmatrix}$$

が 1 次独立であることを示し，ベクトル $\overrightarrow{b} = \begin{pmatrix} 3 \\ 2 \\ -1 \end{pmatrix}$ を $\overrightarrow{a}_1$, $\overrightarrow{a}_2$, $\overrightarrow{a}_3$ の 1 次結合で表せ（$\overrightarrow{b} = \alpha_1 \overrightarrow{a}_1 + \alpha_2 \overrightarrow{a}_2 + \alpha_3 \overrightarrow{a}_3$ と表せ）.

解 ベクトル $\overrightarrow{a}_1$, $\overrightarrow{a}_2$, $\overrightarrow{a}_3$ を並べてできる3次正方行列を $A = \begin{pmatrix} \overrightarrow{a}_1 & \overrightarrow{a}_2 & \overrightarrow{a}_3 \end{pmatrix}$ とおくと，$|A| = -6 \neq 0$ だから，ベクトル $\overrightarrow{a}_1$, $\overrightarrow{a}_2$, $\overrightarrow{a}_3$ は1次独立である．

また，$\overrightarrow{x} = {}^t\begin{pmatrix} \alpha_1 & \alpha_2 & \alpha_3 \end{pmatrix}$ とおくと

$$\overrightarrow{b} = \alpha_1 \overrightarrow{a}_1 + \alpha_2 \overrightarrow{a}_2 + \alpha_3 \overrightarrow{a}_3 = A\overrightarrow{x}$$

より

$$\overrightarrow{x} = A^{-1}\overrightarrow{b} = \cdots = {}^t\begin{pmatrix} 5 & -3 & 1 \end{pmatrix}$$

だから

$$\overrightarrow{b} = 5\overrightarrow{a}_1 - 3\overrightarrow{a}_2 + \overrightarrow{a}_3$$ ■

---

37 次の行列式の値を求めよ． （(1)：高知大学）

(1) $\begin{vmatrix} -27 & 75 & 0 & 0 \\ -10 & 28 & 0 & 0 \\ 0 & 0 & 1 & 0 \\ 0 & 0 & 0 & 1 \end{vmatrix}$ (2) $\begin{vmatrix} 1 & 2 & 4 & 5 \\ 2 & 1 & 6 & 7 \\ 0 & 0 & 5 & 2 \\ 0 & 0 & 2 & 1 \end{vmatrix}$ (3) $\begin{vmatrix} 2 & 1 & 3 & -1 \\ 1 & 3 & 1 & 2 \\ 3 & -1 & 2 & 1 \\ 1 & 2 & 1 & 3 \end{vmatrix}$

38 次の行列式を因数分解せよ．

（(1)：岐阜大学，(2)：広島大学，(3)：名古屋工業大学）

(1) $\begin{vmatrix} 0 & a & 1 & 1 \\ 1 & 0 & a & 1 \\ 1 & 1 & 0 & a \\ a & 1 & 1 & 0 \end{vmatrix}$ (2) $\begin{vmatrix} 1 & 0 & 2 & a \\ 0 & -1 & a & -2 \\ 2 & a & 1 & 0 \\ a & 1 & 0 & 1 \end{vmatrix}$ (3) $\begin{vmatrix} t-2 & 1 & 1 & 2 \\ -4 & t-3 & -4 & 0 \\ 5 & 1 & t+2 & -2 \\ -3 & 1 & 1 & t+3 \end{vmatrix}$

39 ベクトル $\overrightarrow{a}_1 = \begin{pmatrix} 3 \\ 1 \\ 2 \end{pmatrix}$, $\overrightarrow{a}_2 = \begin{pmatrix} -1 \\ -1 \\ -3 \end{pmatrix}$, $\overrightarrow{a}_3 = \begin{pmatrix} 0 \\ 2 \\ 1 \end{pmatrix}$ が1次独立であること

を示し，ベクトル $\overrightarrow{b} = \begin{pmatrix} 0 \\ 6 \\ 9 \end{pmatrix}$ を $\overrightarrow{a}_1$, $\overrightarrow{a}_2$, $\overrightarrow{a}_3$ の1次結合で表せ．

3.4 行列式の余因子展開

行列の余因子と余因子行列　$A = \left(a_{ij}\right)$ に対して，A の $(\boldsymbol{i}, \boldsymbol{j})$ **余因子** $\widetilde{a}_{ij}$ $(i, j = 1, 2, \ldots, n)$ は

i 列削除

$$\widetilde{a}_{ij} = (-1)^{i+j} \times \ i\ \text{行削除} \begin{vmatrix} & \vdots & \\ \cdots & a_{ij} & \cdots \\ & \vdots & \end{vmatrix} = (\text{符号}) \times (\text{行列式})$$

A の**余因子行列**を $\widetilde{A} = {}^t\left(\widetilde{a}_{ij}\right)$ と定義する．

■**注意**　余因子行列の定義で，転置がとられていることに注意する．

行列式の余因子展開

(1)　第 i 行に関する展開：$|A| = \begin{vmatrix} \vdots & \vdots & \vdots \\ a_{i1} & \cdots & a_{in} \\ \vdots & \vdots & \vdots \end{vmatrix} = a_{i1}\widetilde{a}_{i1} + \cdots + a_{in}\widetilde{a}_{in}$

(2)　第 j 列に関する展開：$|A| = \begin{vmatrix} \cdots & a_{1j} & \cdots \\ \cdots & \vdots & \cdots \\ \cdots & a_{nj} & \cdots \end{vmatrix} = a_{1j}\widetilde{a}_{1j} + a_{2j}\widetilde{a}_{2j} + \cdots + a_{nj}\widetilde{a}_{nj}$

余因子行列の性質と逆行列

(1)　$\widetilde{A}A = A\widetilde{A} = |A|E$　(E は単位行列)

(2)　$|A| \neq 0$ ならば，$A^{-1} = \dfrac{1}{|A|}\widetilde{A}$

クラメールの公式　A が正則な n 次正方行列のとき，連立方程式 $A\overrightarrow{x} = \overrightarrow{b}$ の解は，$x_i = \dfrac{1}{|A|}|A_{(i)}[\overrightarrow{b}]|$　$(i = 1, 2, \ldots, n)$ で与えられる．

(ただし $A_{(i)}[\overrightarrow{b}]$ は A の第 i 列をベクトル $\overrightarrow{b}$ で置き換えた行列)

A

40 行列式 $\begin{vmatrix} 1 & 2 & -2 & 3 \\ 3 & -4 & 1 & 2 \\ 5 & -6 & 1 & 3 \\ 5 & 7 & -2 & -9 \end{vmatrix}$ を第 4 行で展開すると次のようになる．

$$\boxed{\text{ア}}\,5\begin{vmatrix} 2 & -2 & 3 \\ -4 & 1 & 2 \\ -6 & 1 & 3 \end{vmatrix}\boxed{\text{イ}}\,7\begin{vmatrix} 1 & -2 & 3 \\ 3 & 1 & 2 \\ 5 & 1 & 3 \end{vmatrix}\boxed{\text{ウ}}\,2\begin{vmatrix} 1 & 2 & 3 \\ 3 & -4 & 2 \\ 5 & -6 & 3 \end{vmatrix}\boxed{\text{エ}}\,9\begin{vmatrix} 1 & 2 & -2 \\ 3 & -4 & 1 \\ 5 & -6 & 1 \end{vmatrix}$$

$\boxed{\text{ア}}$ ~ $\boxed{\text{エ}}$ に + または − の符号を入れよ．　教問 3.21

41 次の行列式の値を指定された行または列で展開して計算せよ．　教問 3.21

(1) $\begin{vmatrix} 0 & 1 & 0 & 4 \\ 1 & 0 & 0 & 3 \\ 4 & 3 & 2 & 2 \\ 0 & 0 & 0 & 1 \end{vmatrix}$ （第 4 行）　(2) $\begin{vmatrix} 2 & 1 & 4 & 0 \\ 1 & 3 & 3 & 0 \\ 0 & 0 & 2 & 0 \\ 4 & 3 & 2 & 1 \end{vmatrix}$ （第 4 列）

42 次の行列式の値を求めよ．　((1)：大阪府立大学，(2)：関西大学)　教問 3.22

(1) $\begin{vmatrix} 4 & 2 & 4 & 6 \\ 0 & 3 & 3 & 1 \\ 2 & 3 & -1 & 2 \\ 0 & 4 & -2 & 1 \end{vmatrix}$　(2) $\begin{vmatrix} 4 & 2 & 16 & 7 & 3 \\ 3 & 6 & -2 & 5 & 0 \\ 0 & 0 & -5 & 3 & -14 \\ 0 & 0 & -5 & 6 & 7 \\ 0 & 0 & 10 & 3 & -7 \end{vmatrix}$

43 次の行列の逆行列の $(2, 3)$ 成分を求めよ．　教問 3.23

(1) $\begin{pmatrix} 1 & 2 & 3 & 4 \\ 0 & 2 & 3 & 4 \\ 0 & 0 & 3 & 4 \\ 0 & 0 & 0 & 4 \end{pmatrix}$　(2) $\begin{pmatrix} 3 & 1 & 1 & 0 \\ 1 & 3 & 0 & 1 \\ 1 & 0 & 3 & 1 \\ 0 & 1 & 1 & 3 \end{pmatrix}$

44 次の連立 1 次方程式の解のうち，x の値のみ求めよ．　教問 3.24

(1) $\begin{pmatrix} 1 & 1 & 1 & 1 \\ 1 & 3 & 4 & 1 \\ 1 & 2 & 5 & 1 \\ 1 & 1 & 6 & 2 \end{pmatrix}\begin{pmatrix} x \\ y \\ z \\ w \end{pmatrix} = \begin{pmatrix} 1 \\ 4 \\ 5 \\ 6 \end{pmatrix}$　(2) $\begin{pmatrix} 1 & 0 & 3 & 1 \\ 2 & 1 & 4 & 0 \\ 1 & 1 & 5 & 1 \\ 1 & 0 & 2 & 1 \end{pmatrix}\begin{pmatrix} x \\ y \\ z \\ w \end{pmatrix} = \begin{pmatrix} 2 \\ 0 \\ 1 \\ 2 \end{pmatrix}$

B

例題 3.5　A は行列式の値が 2 である 4 次正方行列であるとする．A の余因子行列 $\widetilde{A}$ の行列式の値を求めよ．

解　$A\widetilde{A} = 2E_4 = \begin{pmatrix} 2 & 0 & 0 & 0 \\ 0 & 2 & 0 & 0 \\ 0 & 0 & 2 & 0 \\ 0 & 0 & 0 & 2 \end{pmatrix}$ だから，

$$|A||\widetilde{A}| = |A\widetilde{A}| = |2E_4| = 16$$

したがって，$|\widetilde{A}| = \dfrac{16}{|A|} = \dfrac{16}{2} = 8$　■

例題 3.6　次の式の値を求めよ．

$$X = \begin{vmatrix} -2 & 3 & -1 \\ 5 & -1 & 1 \\ 2 & -1 & 8 \end{vmatrix} + 2\begin{vmatrix} 1 & 3 & -1 \\ 4 & -1 & 1 \\ 5 & -1 & 8 \end{vmatrix} + 3\begin{vmatrix} 1 & -2 & -1 \\ 4 & 5 & 1 \\ 5 & 2 & 8 \end{vmatrix} + \begin{vmatrix} 1 & -2 & 3 \\ 4 & 5 & -1 \\ 5 & 2 & -1 \end{vmatrix}$$

解　$\begin{vmatrix} 1 & -2 & 3 & -1 \\ 4 & 5 & -1 & 1 \\ 1 & -2 & 3 & -1 \\ 5 & 2 & -1 & 8 \end{vmatrix} \overset{\text{第 1 行で展開}}{=} X = 0$　（第 1 行と第 3 行が等しいので）　■

45　次の式を因数分解せよ．

$$X = a\begin{vmatrix} -b & c & -d \\ b & c & d \\ b & -c & a \end{vmatrix} + b\begin{vmatrix} d & c & -d \\ a & c & d \\ d & -c & a \end{vmatrix} + c\begin{vmatrix} d & -b & -d \\ a & b & d \\ d & b & a \end{vmatrix} + d\begin{vmatrix} d & -b & c \\ a & b & c \\ d & b & -c \end{vmatrix}$$

46　A は行列式の値が 3 の n 次正方行列とする．A の余因子行列 $\widetilde{A}$ の行列式の値を求めよ．

C 発展問題

47 n 次正方行列 $J_n = \begin{pmatrix} 2 & -1 & 0 & \cdots & \cdots & 0 \\ -1 & 2 & -1 & 0 & \cdots & 0 \\ 0 & -1 & 2 & \ddots & \ddots & \vdots \\ 0 & 0 & -1 & \ddots & \ddots & 0 \\ \vdots & \ddots & \ddots & \ddots & \ddots & -1 \\ 0 & \cdots & \cdots & 0 & -1 & 2 \end{pmatrix}$ を考える．

例えば，$J_1 = \begin{pmatrix} 2 \end{pmatrix}$，$J_2 = \begin{pmatrix} 2 & -1 \\ -1 & 2 \end{pmatrix}$，$J_3 = \begin{pmatrix} 2 & -1 & 0 \\ -1 & 2 & -1 \\ 0 & -1 & 2 \end{pmatrix}$，$J_4 = \begin{pmatrix} 2 & -1 & 0 & 0 \\ -1 & 2 & -1 & 0 \\ 0 & -1 & 2 & -1 \\ 0 & 0 & -1 & 2 \end{pmatrix}$ である．J_n の行列式を a_n とおく．次の問いに答えよ． （横浜国立大学）

(1) a_1 を求めよ．　(2) a_2 を求めよ．　(3) a_3 を求めよ．

(4) a_4 を求めよ．　(5) a_n を求めよ．

48 実数 a, b, c, d に対し，$A = \begin{pmatrix} a & b \\ c & d \end{pmatrix}$，$B = \begin{pmatrix} a^2 & 2ab & b^2 \\ ac & ad+bc & bd \\ c^2 & 2cd & d^2 \end{pmatrix}$ とおく． （東京工業大学）

(1) $\det B$ を $\det A$ で表せ．

(2) $\operatorname{rank} A = 0$ のとき $\operatorname{rank} B$ を求めよ．

(3) $\operatorname{rank} A = 1$ のとき $\operatorname{rank} B$ を求めよ．

(4) $\operatorname{rank} A = 2$ のとき $\operatorname{rank} B$ を求めよ．

49 3 次実正方行列 A に対し，行に関する基本変形を 2 回行って，単位行列に変形できたとする．行った基本変形は以下の通りである．

1 回目：第 2 行と第 3 行を入れ替えた．

2 回目：第 1 行に第 3 行の 2 倍を加えた．

このとき，1 回目の基本変形に対応する基本行列を P_1，2 回目の基本変形に対応する基本行列を P_2 として次の問いに答えよ．（広島大学）

(1) 基本行列 P_1, P_2 とその逆行列を求めよ．

(2) 逆行列 A^{-1} と行列式 $\det A$ を計算せよ．

(3) $\overrightarrow{b}$ に同じ基本変形を行って得られるベクトルは，連立方程式 $A\overrightarrow{x} = \overrightarrow{b}$ の解になることを示せ．

50 n 次正方行列 A とその余因子行列 $\widetilde{A}$ を次のように，4 つの小行列に区分けするとき，(1)〜(3) の問いに答えよ（ただし $n = 2, 3, \ldots$ とする）．

$$\begin{array}{cc} & \begin{array}{cc} r\text{ 列} & n-r\text{ 列} \end{array} \\ A = & \left(\begin{array}{c|c} A^{(r)} & A_{12} \\ \hline A_{21} & A_{(n-r)} \end{array}\right)\begin{array}{l} r\text{ 行} \\ n-r\text{ 行} \end{array} \end{array}$$

$$\begin{array}{cc} & \begin{array}{cc} r\text{ 列} & n-r\text{ 列} \end{array} \\ \widetilde{A} = & \left(\begin{array}{c|c} \widetilde{A}^{(r)} & \widetilde{A}_{12} \\ \hline \widetilde{A}_{21} & \widetilde{A}_{(n-r)} \end{array}\right)\begin{array}{l} r\text{ 行} \\ n-r\text{ 行} \end{array} \end{array} \qquad (r = 1, 2, \ldots, n-1)$$

(1) $|A||\widetilde{A}^{(r)}| = |A|^r |A_{(n-r)}|$ が成り立つことを示せ．

(2) $n = 3, 4, \ldots$ のとき，$|A||A_{(n-2)}| = |\widetilde{A}^{(2)}|$ が成り立つことを示せ．

(3) $A = \begin{pmatrix} 0 & a & b & c \\ -a & 0 & d & e \\ -b & -d & 0 & f \\ -c & -e & -f & 0 \end{pmatrix}$ のとき，$|A| = (af - be + cd)^2$ が成り立つことを示せ．

51 n 次正方行列 A とその余因子行列 $\widetilde{A}$ について，$|A| = 0$ ならば $|\widetilde{A}| = 0$ が成り立つことを示せ．ただし $n \geqq 2$ とする．

4 線形変換

4.1 線形変換

変換 平面上（または空間内）の点に対して平面上（または空間内）の点がただ1つ決まるとき，この対応の規則を**変換**という．変換 f で点 P が P' に対応するとき，P' を P の f による**像**といい，$\mathrm{P}' = f(\mathrm{P})$ で表す．

線形変換 平面上の変換 $(x', y') = f(x, y)$ が，定数 a_{ij} $(i, j = 1, 2)$ を用いて

$$\begin{pmatrix} x' \\ y' \end{pmatrix} = \begin{pmatrix} a_{11} & a_{12} \\ a_{21} & a_{22} \end{pmatrix} \begin{pmatrix} x \\ y \end{pmatrix}$$

と表されるとき，平面上の**線形変換**（**1 次変換**）といい，行列 $\begin{pmatrix} a_{ij} \end{pmatrix}$ を f の**表現行列**という．同様に空間内の変換 $(x', y', z') = f(x, y, z)$ が，定数 a_{ij} $(i, j = 1, 2, 3)$ を用いて

$$\begin{pmatrix} x' \\ y' \\ z' \end{pmatrix} = \begin{pmatrix} a_{11} & a_{12} & a_{13} \\ a_{21} & a_{22} & a_{23} \\ a_{31} & a_{32} & a_{33} \end{pmatrix} \begin{pmatrix} x \\ y \\ z \end{pmatrix}$$

と表されるとき，空間内の**線形変換**（**1 次変換**）といい，$\begin{pmatrix} a_{ij} \end{pmatrix}$ を f の**表現行列**という．

恒等変換 平面上（または空間内）の点をそれ自身に対応させる線形変換を**恒等変換**という．恒等変換の表現行列は単位行列 E である．

平面の回転 平面上の点を原点のまわりに角 θ だけ回転した点に対応させる線形変換の表現行列は $\begin{pmatrix} \cos\theta & -\sin\theta \\ \sin\theta & \cos\theta \end{pmatrix}$ である．

線形性 f が線形変換のとき次の性質（**線形性**）が成り立つ．

(1)　任意のベクトル $\boldsymbol{x}_1, \boldsymbol{x}_2$ に対して $f(\boldsymbol{x}_1 + \boldsymbol{x}_2) = f(\boldsymbol{x}_1) + f(\boldsymbol{x}_2)$

(2)　任意のベクトル $\boldsymbol{x}$ と任意のスカラー c に対して $f(c\boldsymbol{x}) = cf(\boldsymbol{x})$

合成変換　変換 f によって点 P が点 P$'$ にうつり，変換 g によって点 P$'$ が点 P$''$ にうつるとき，点 P に点 P$''$ を対応させる規則を $g \circ f$ で表し，f と g の**合成変換**という（つまり $g \circ f(\mathrm{P}) = g(f(\mathrm{P}))$）．

合成変換の表現行列　線形変換 f と g の表現行列がそれぞれ A と B であるとき，合成変換 $g \circ f$ は線形変換で，その表現行列は BA である．

逆変換　線形変換 f に対して合成変換 $g \circ f$, $f \circ g$ がともに恒等変換となる線形変換 g を f の**逆変換**といい f^{-1} で表す．

逆変換と表現行列　線形変換 f が逆変換をもつための必要十分条件は f の表現行列 A が正則行列となることである．逆変換 f^{-1} の表現行列は A^{-1} である．

A

1　次の行列を表現行列とする平面上の線形変換はどのような変換か説明せよ．

◀教問 4.1

(1) $\begin{pmatrix} 1 & 0 \\ 0 & -1 \end{pmatrix}$　(2) $\begin{pmatrix} 1 & 0 \\ 0 & 0 \end{pmatrix}$　(3) $\begin{pmatrix} 0 & 1 \\ -1 & 0 \end{pmatrix}$

(4) $\begin{pmatrix} 1 & 0 \\ 0 & 1 \end{pmatrix}$　(5) $\begin{pmatrix} 2 & 0 \\ 0 & 2 \end{pmatrix}$　(6) $\begin{pmatrix} 2 & 0 \\ 0 & 3 \end{pmatrix}$

2　次の規則で点 $\mathrm{P}(x, y)$ が点 P$'$ にうつるとき，その変換が平面上の線形変換であるかどうかを判定せよ．線形変換であればその表現行列を求めよ．

◀教問 4.2, 4.3

(1)　$\mathrm{P}'(-1, 1)$　(2)　$\mathrm{P}'(0, 0)$　(3)　$\mathrm{P}'(x, 1)$

(4)　$\mathrm{P}'(x, 2y-1)$　(5)　$\mathrm{P}'(x-y, y+x)$　(6)　$\mathrm{P}'(\log y, x^2+y^2)$

3　次の線形変換によって点 (x, y), $(x-y, x+y)$ がそれぞれどのような点にうつされるかを調べよ．

◀教問 4.4

(1) $\begin{pmatrix} 2 & 1 \\ -1 & 2 \end{pmatrix}$　(2) $\begin{pmatrix} -2 & -4 \\ 2 & 4 \end{pmatrix}$　(3) $\begin{pmatrix} 2 & 1 \\ 2 & 3 \end{pmatrix}$

4 次の行列を表現行列とする線形変換について，点 P(0,0), Q(4,2), R(−2,−1), S(1,0), T(0,1) の像を求めよ． ◀教問 4.4

(1) $\begin{pmatrix} 4 & 1 \\ -2 & 3 \end{pmatrix}$ (2) $\begin{pmatrix} 1 & -3 \\ -1 & 3 \end{pmatrix}$ (3) $\begin{pmatrix} a_{11} & a_{12} \\ a_{21} & a_{22} \end{pmatrix}$

5 次の点 P, Q が線形変換 f によって P$'$, Q$'$ にうつるとき，f の表現行列を求めよ． ◀教問 4.5

(1) $\mathrm{P}(0,-2), \mathrm{P}'(0,-8),\quad \mathrm{Q}(3,1), \mathrm{Q}'(3,7)$

(2) $\mathrm{P}(-4,-1), \mathrm{P}'(-13,-10),\quad \mathrm{Q}(2,2), \mathrm{Q}'(8,8)$

6 原点のまわりに角 θ だけ回転した点を対応させる次の線形変換について，その表現行列を求めよ． ◀教問 4.6

(1) $\theta = \dfrac{\pi}{3}$ (2) $\theta = \pi$ (3) $\theta = -\dfrac{5}{4}\pi$

7 原点のまわりの θ 回転による線形変換の表現行列が次の行列であるとき，角 θ を $0 \leqq \theta \leqq 2\pi$ の範囲で求めよ． ◀教問 4.6

(1) $\begin{pmatrix} \dfrac{\sqrt{3}}{2} & -\dfrac{1}{2} \\ \dfrac{1}{2} & \dfrac{\sqrt{3}}{2} \end{pmatrix}$ (2) $\begin{pmatrix} \dfrac{1}{\sqrt{2}} & \dfrac{1}{\sqrt{2}} \\ -\dfrac{1}{\sqrt{2}} & \dfrac{1}{\sqrt{2}} \end{pmatrix}$ (3) $\begin{pmatrix} 0 & 1 \\ -1 & 0 \end{pmatrix}$

8 次の点 P を，原点のまわりに角 θ だけ回転させた点を P$'$ とする．P$'$ の座標を求めよ． ◀教問 4.6

(1) $\mathrm{P}(2,\sqrt{3}),\ \theta=\dfrac{2}{3}\pi$ (2) $\mathrm{P}(1,0),\ \theta=-\pi$ (3) $\mathrm{P}(2,2),\ \theta=\dfrac{7}{6}\pi$

9 原点を対角線の中心とし，点 (4, −3) を頂点の 1 つとする正方形について，残りの頂点をすべて求めよ． ◀教問 4.7

10 次の空間内の変換が線形変換であることを示し，その表現行列を求めよ．

◀教例 4.1

(1) 点 (x,y,z) を点 $(x+2y-3z, -x-y-z, 4x+2z)$ にうつす変換

(2) 点 (x,y,z) を点 $(y+z, x+z, x+y)$ にうつす変換

11 次の空間内の線形変換について，その表現行列を求めよ． ◀教問 4.8

(1) yz 平面に関する対称移動　(2) y 軸に関する対称移動

(3) 原点 O にうつす　(4) x 軸に関する角 θ の回転

12 次の条件を満たす空間内の線形変換 f について，その表現行列を求めよ．

((1)：お茶の水女子大学) ◀教問 4.8

(1) $(2,1,-1)$ を $(5,1,-11)$ に，$(2,3,2)$ を $(16,13,4)$ に，$(-1,0,1)$ を $(0,2,8)$ にうつす変換

(2) $(1,1,0)$ を $(3,3,4)$ に，$(0,1,2)$ を $(4,3,8)$ に，$(1,1,2)$ を $(5,5,10)$ にうつす変換

(3) $(-1,1,1)$ を $(3,0,2)$ に，$(0,1,1)$ を $(2,1,0)$ に，$(1,0,-1)$ を $(-2,0,-1)$ にうつす変換

13 ベクトル $\boldsymbol{e}_1 = \begin{pmatrix} 1 \\ 0 \end{pmatrix}$, $\boldsymbol{e}_2 = \begin{pmatrix} 0 \\ 1 \end{pmatrix}$ について，線形変換 f が $f(\boldsymbol{e}_1) = \begin{pmatrix} 2 \\ 3 \end{pmatrix}$ と $f(\boldsymbol{e}_2) = \begin{pmatrix} 3 \\ -1 \end{pmatrix}$ を満たすとき，任意のベクトル $\boldsymbol{x} = \begin{pmatrix} x_1 \\ x_2 \end{pmatrix}$ の像を求めよ． ◀教問 4.9

14 点 $(1,1)$, $(2,0)$ の線形変換 f による像がそれぞれ (a_1,b_1), (a_2,b_2) であるとき，次の点の f による像を求めよ． ◀教問 4.9

(1) $(0,1)$　(2) $(-1,-1)$　(3) $(3,5)$

15 $\boldsymbol{v}_1$, $\boldsymbol{v}_2$, $\boldsymbol{v}_3$ を空間ベクトルとし，線形変換 f が条件

$$f(\boldsymbol{v}_1) = \begin{pmatrix} 1 \\ -2 \\ 3 \end{pmatrix}, \quad f(\boldsymbol{v}_2) = \begin{pmatrix} 3 \\ -2 \\ -1 \end{pmatrix}, \quad f(\boldsymbol{v}_3) = \begin{pmatrix} 0 \\ 0 \\ 1 \end{pmatrix}$$

を満たすとき，次を計算せよ． ◀教問 4.9

(1) $f(\boldsymbol{v}_1 + \boldsymbol{v}_2 + \boldsymbol{v}_3)$

(2) $f(-\boldsymbol{v}_1 - \boldsymbol{v}_2 - \boldsymbol{v}_3)$

(3) $f(2\boldsymbol{v}_1 - 3\boldsymbol{v}_2 - 4\boldsymbol{v}_3)$

16 線形変換 $f,\ g$ の表現行列がそれぞれ

$$A = \begin{pmatrix} 1 & -3 \\ -3 & 1 \end{pmatrix}, \quad B = \begin{pmatrix} 2 & -3 \\ -1 & 4 \end{pmatrix}$$

のとき，$g \circ f,\ f \circ g$ による点 $(1, 1)$ の像を求めよ． **教問 4.10**

17 次の表現行列をもつ線形変換が逆変換をもつかどうか判定せよ．逆変換をもつ場合は，像が点 $(1, 1)$ になるような点 (x, y) を求めよ．

教問 4.12, 4.13

(1) $\begin{pmatrix} 2 & -1 \\ 3 & 2 \end{pmatrix}$ (2) $\begin{pmatrix} 2 & 1 \\ 4 & 2 \end{pmatrix}$ (3) $\begin{pmatrix} \cos\theta & -\sin\theta \\ \sin\theta & \cos\theta \end{pmatrix}$

18 線形変換 $f,\ g$ の表現行列がそれぞれ

$$A = \begin{pmatrix} 2 & 4 \\ 3 & 1 \end{pmatrix}, \quad B = \begin{pmatrix} 1 & -1 \\ -1 & 2 \end{pmatrix}$$

のとき，次の線形変換の表現行列を求めよ． **教問 4.12**

(1) $g \circ f$ (2) f^{-1} (3) g^{-1}

(4) $(g \circ f)^{-1}$ (5) $g^{-1} \circ f^{-1}$ (6) $f^{-1} \circ g^{-1}$

19 次の表現行列をもつ線形変換による直線の像を求めよ． **教問 4.15**

(1) $\begin{pmatrix} 2 & 1 \\ 1 & -2 \end{pmatrix},\ 2x + y = 1$ (2) $\begin{pmatrix} 1 & -1 \\ -1 & 2 \end{pmatrix},\ 2x + 3y - 4 = 0$

(3) $\begin{pmatrix} 4 & -2 \\ -2 & 1 \end{pmatrix},\ y = 2x + 1$ (4) $\begin{pmatrix} 1 & -2 \\ 2 & -3 \end{pmatrix},\ x = 1$

20 平面上の点を原点のまわりに 45° 回転する線形変換を f とする．以下の問いに答えよ． （東京工業大学） **教問 4.16**

(1) f の表現行列を求めよ．

(2) $x^2 - y^2 = 1$ を f によりうつした曲線の方程式を答えよ．

(3) (2) で求めた曲線の概形を描け．

B

例題 4.1　行列 $A = \begin{pmatrix} 4 & 2 \\ 3 & 3 \end{pmatrix}$ を表現行列とする平面上の線形変換について，次の問いに答えよ．

(1)　$f(\mathrm{P}) = \mathrm{P}$ を満たす点 P（不動点）の集合が作る図形を求めよ．

(2)　変換 f によって自分自身にうつされる直線の方程式を求めよ．

解　(1)　点 P の座標を (x, y) とする．条件 $f(\mathrm{P}) = \mathrm{P}$ より $\begin{pmatrix} 4 & 2 \\ 3 & 3 \end{pmatrix}\begin{pmatrix} x \\ y \end{pmatrix} = \begin{pmatrix} x \\ y \end{pmatrix}$ である．これより $3x + 2y = 0$．直線 $3x + 2y = 0$ 上の点はすべて不動点になるから，不動点全体の集合は直線 $3x + 2y = 0$

(2)　(i)　直線が x 軸に垂直な場合．直線の方程式は $x = k$（k は定数）とかける．この直線上の点 (k, y)（y は実数）の像を (x', y') とすると

$$\begin{pmatrix} x' \\ y' \end{pmatrix} = \begin{pmatrix} 4 & 2 \\ 3 & 3 \end{pmatrix}\begin{pmatrix} x \\ y \end{pmatrix} = \begin{pmatrix} 4 & 2 \\ 3 & 3 \end{pmatrix}\begin{pmatrix} k \\ y \end{pmatrix} = \begin{pmatrix} 4k + 2y \\ 3k + 3y \end{pmatrix}$$

より $3x' - 2y' = 6k$ を満たすから，一般に $x = k$ 上の点ではない．よって x 軸に垂直な直線の像は自分自身にならない．

(ii)　直線が x 軸に平行でない場合．直線 $y = ax + b$（a, b は定数）の上の点 (x, y) の像 (x', y') は

$$\begin{pmatrix} x' \\ y' \end{pmatrix} = \begin{pmatrix} 4 & 2 \\ 3 & 3 \end{pmatrix}\begin{pmatrix} x \\ y \end{pmatrix} = \begin{pmatrix} 4 & 2 \\ 3 & 3 \end{pmatrix}\begin{pmatrix} x \\ ax + b \end{pmatrix} = \begin{pmatrix} 4x + 2ax + 2b \\ 3x + 3ax + 3b \end{pmatrix}$$

となる．点 (x', y') を $y = ax + b$ に代入して整理すると

$$(2a^2 + a - 3)x + 2b(a - 1) = 0$$

これが x についての恒等式になる必要十分条件は $2a^2 + a - 3 = 0,\ 2b(a - 1) = 0$．これより $(a, b) = \left(-\dfrac{3}{2}, 0\right)$ または $(1, b)$（b は任意の実数）．よって求める直線は，$y = -\dfrac{3}{2}x$ または $y = x + b$

(i), (ii) より求める直線の方程式は $y = -\dfrac{3}{2}x$ または $y = x + b$（b は任意）■

21 $\boldsymbol{r} = \begin{pmatrix} 2\sqrt{3} \\ 2 \end{pmatrix}$ とする．ベクトル $\boldsymbol{r}$ を回転行列 R によって，反時計回りに 30° 回転させたものをベクトル $\boldsymbol{s}$ とする．R と $\boldsymbol{s}$ を求めよ．次に $\boldsymbol{e}_1 = \begin{pmatrix} 1 \\ 0 \end{pmatrix}$, $\boldsymbol{e}_2 = \begin{pmatrix} 0 \\ 1 \end{pmatrix}$ を R によって回転させたベクトルを $\boldsymbol{e}_1'$, $\boldsymbol{e}_2'$ とする．$\boldsymbol{s} = s_1\boldsymbol{e}_1' + s_2\boldsymbol{e}_2'$ とするときベクトル $\boldsymbol{s}' = \begin{pmatrix} s_1 \\ s_2 \end{pmatrix}$ を求めよ．さらに $\boldsymbol{s}' = Q\boldsymbol{s}$ となる行列 Q を求めよ．（東北大学）

22 表現行列が $\begin{pmatrix} 1 & 1 \\ a & b \end{pmatrix}$ である線形変換について，直線 $x - 2y - 1 = 0$ の像が $7x - 3y - 1 = 0$ になるとき，定数 a, b の値を求めよ．

23 行列 $\begin{pmatrix} 2 & -1 \\ -1 & 2 \end{pmatrix}$ で定義される線形変換を f とする．次の問いに答えよ．（京都大学）

(1) f によって動かない点をすべて求めよ．

(2) f によって動かない直線をすべて求めよ．

24 線形変換 $\begin{pmatrix} x' \\ y' \end{pmatrix} = \begin{pmatrix} k & 2 \\ 2 & 1 \end{pmatrix}\begin{pmatrix} x \\ y \end{pmatrix}$ によって直線 $2x + y - 1 = 0$ の像が1点になるとき，定数 k の値を求めよ．

25 直線 $y = 2x$ に関して対称な点を対応させる変換は線形変換になる．この線形変換の表現行列を求めよ．

26 行列 $A = \begin{pmatrix} 2 & -2 \\ 1 & -1 \end{pmatrix}$ によって表される xy 平面上の線形変換を f とする．直線 $y = x + k$ 上の任意の点の f による像が同じ直線 $y = x + k$ 上にあるような定数 k の値を求めよ．

27 次の問いの答えよ．

(1) 行列 $A = \begin{pmatrix} 2 & 1 \\ 5 & 3 \end{pmatrix}$ によって1次変換

$$f : \begin{cases} x' = 2x + y \\ y' = 5x + 3y \end{cases}$$

を定める．直線 $x = 0, x = 1, y = 0, y = 1$ の f による像を求めよ．

(2) 頂点が $\begin{pmatrix} 0 \\ 0 \end{pmatrix}, \begin{pmatrix} 1 \\ 0 \end{pmatrix}, \begin{pmatrix} 0 \\ 1 \end{pmatrix}, \begin{pmatrix} 1 \\ 1 \end{pmatrix}$ である正方形の変換 f による像 Z は平行四辺形となることを示し，Z の面積を求めよ．

28 原点のまわりを $\dfrac{\pi}{6}$ だけ回転する線形変換の表現行列を A とする．

(1) $A^{12} = E$ であることを示せ．

(2) $A - E$ は正則であることを示せ．

(3) $A^{11} + A^{10} + \cdots + A^2 + A + E = O$ を示せ．

29 xy 平面上の点 $\mathrm{P}(1, 2)$ がある．xy 座標系を反時計回りに 30 度回転させたものを $x'y'$ 座標系とするとき，点 P を $x'y'$ 座標系で表すとどうなるか答えよ．

30 円 $x^2 + y^2 = 4$ を円 $x^2 + y^2 = 16$ にうつす線形変換

$$\begin{pmatrix} x' \\ y' \end{pmatrix} = \begin{pmatrix} 1 & -a \\ a & 1 \end{pmatrix} \begin{pmatrix} x \\ y \end{pmatrix}$$

について，a の値を求めよ（$a > 0$）． （豊橋技術科学大学）

31 3次元空間内で z 軸を回転軸として，原点から z 軸の正の方向に向かって時計回りに角 θ だけ回転させる変換 f を考える． （北九州市立大学）

(1) f の表現行列 A を求めよ．

(2) A の逆行列 A^{-1} を求めよ．

(3) 平面 $x + y + z = 0$ は A^{-1} が表す変換でどのような図形にうつされるか答えよ．

32 $\mathbb{R}^2$ のベクトル $\boldsymbol{x}, \boldsymbol{y}$ の内積を $(\boldsymbol{x}, \boldsymbol{y})$ で表す．$\boldsymbol{u} \in \mathbb{R}^2$ を長さ1のベクトルとして，直線 $l = \{\boldsymbol{x} \in \mathbb{R}^2 | (\boldsymbol{x}, \boldsymbol{u}) = D\}$ に関する折り返し写像を T とする． （埼玉大学）

(1) $T(\boldsymbol{x})$ を $\boldsymbol{x}$ と $\boldsymbol{u}$ を用いて表せ．

(2) $\boldsymbol{u} = \begin{pmatrix} \cos\theta \\ \sin\theta \end{pmatrix}$ とするとき，$T(\boldsymbol{x}) = A\boldsymbol{x}$ となる行列 A を求めよ．

33 空間内の線形変換は 3×3 型行列 A を用いて $f(\boldsymbol{x}) = A(\boldsymbol{x})$ とかける．次を示せ．

(1) $f(\boldsymbol{0}) = \boldsymbol{0}$

(2) $\boldsymbol{a}$, $\boldsymbol{b}$ とスカラー c_1, c_2 について

$$f(c_1\boldsymbol{a} + c_2\boldsymbol{b}) = c_1 f(\boldsymbol{a}) + c_2 f(\boldsymbol{b})$$

34 空間の線形変換 f は空間内の異なる2点を異なる2点にうつすものとする．このとき2点A, Bを結ぶ線分ABを $m:n$ に内分する点は，線形変換 f によって2点 $\mathrm{A}' = f(\mathrm{A})$, $\mathrm{B}' = f(\mathrm{B})$ を結ぶ線分 $\mathrm{A}'\mathrm{B}'$ を $m:n$ に内分する点にうつされることを示せ．

35 正則な行列 A を表現行列とする空間内の線形変換 f について，次を示せ．

(1) $f(\boldsymbol{x}) = \boldsymbol{0}$ ならば $\boldsymbol{x} = \boldsymbol{0}$ である．

(2) 任意のベクトル $\boldsymbol{y}$ に対して，

$$f(\boldsymbol{x}) = \boldsymbol{y}$$

を満たすベクトル $\boldsymbol{x}$ が存在する．

36 空間内の変換 f が条件

$$f(\boldsymbol{u} + \boldsymbol{v}) = f(\boldsymbol{u}) + f(\boldsymbol{v}), \quad f(c\boldsymbol{u}) = cf(\boldsymbol{u})$$

を満たすとき，ある 3×3 型行列 A が存在して，$\boldsymbol{x} \in \mathbb{R}^3$ に対し

$$f(\boldsymbol{x}) = A\boldsymbol{x}$$

と表されることを示せ．ここで $\boldsymbol{u}$, $\boldsymbol{v}$ は空間ベクトル，c は実数とする．

4.2 ベクトル空間♣

実数の集合　実数全体の集合を $\mathbb{R}$ で表す．

ベクトル空間の公理　集合 V に和 $\boldsymbol{a}+\boldsymbol{b}\,(\boldsymbol{a},\boldsymbol{b}\in V)$ とスカラー倍 $c\boldsymbol{a}\,(\boldsymbol{a}\in V, c\in\mathbb{R})$ が定められている（$\boldsymbol{a}+\boldsymbol{b}\in V, c\boldsymbol{a}\in V$ である）とする．次の (1)〜(8) の条件を満たすとき，V を**ベクトル空間**（または**線形空間**）といい，V の要素を**ベクトル**とよぶ．任意の $\boldsymbol{a},\boldsymbol{b},\boldsymbol{c}\in V$ と $c,c'\in\mathbb{R}$ について

(1)（結合法則）$(\boldsymbol{a}+\boldsymbol{b})+\boldsymbol{c}=\boldsymbol{a}+(\boldsymbol{b}+\boldsymbol{c})$

(2)（**零元**《れいげん》の存在）V の要素 $\boldsymbol{0}$ で，任意の $\boldsymbol{a}\in V$ に対し

$$\boldsymbol{a}+\boldsymbol{0}=\boldsymbol{0}+\boldsymbol{a}=\boldsymbol{a}$$

を満たすものが存在する．この $\boldsymbol{0}$ を**零**《れい》**ベクトル**という．

(3)（**逆元**《ぎゃくげん》の存在）任意の $\boldsymbol{a}\in V$ に対し

$$\boldsymbol{a}+\boldsymbol{a}'=\boldsymbol{a}'+\boldsymbol{a}=\boldsymbol{0}$$

を満たす $\boldsymbol{a}'\in V$ が存在する．この $\boldsymbol{a}'$ を $\boldsymbol{a}$ の**逆ベクトル**といい $-\boldsymbol{a}$ と表す．

(4)（交換法則）$\boldsymbol{a}+\boldsymbol{b}=\boldsymbol{b}+\boldsymbol{a}$

(5)（結合法則）$(cc')\boldsymbol{a}=c(c'\boldsymbol{a})$

(6)（分配法則）$c(\boldsymbol{a}+\boldsymbol{b})=c\boldsymbol{a}+c\boldsymbol{b}$

(7)（分配法則）$(c+c')\boldsymbol{a}=c\boldsymbol{a}+c'\boldsymbol{a}$

(8)（1 倍）$1\boldsymbol{a}=\boldsymbol{a}$

部分空間　ベクトル空間 V の部分集合 W が，V の和とスカラー倍でベクトル空間の条件 (1)〜(8) を満たすとき，W を V の**部分空間**という．

部分空間の判定法　ベクトル空間 V の空集合でない部分集合 W が，条件

(1) 任意の $\boldsymbol{a},\boldsymbol{b}\in W$ に対し $\boldsymbol{a}+\boldsymbol{b}\in W$

(2) 任意の $\boldsymbol{a}\in W$ と $c\in\mathbb{R}$ に対し $c\boldsymbol{a}\in W$

を満たすとき，W は V の部分空間になる．

1 次結合　$\mathbb{R}^m$ のベクトル $\boldsymbol{a}_1,\boldsymbol{a}_2,\ldots,\boldsymbol{a}_n$ とスカラー $c_1,c_2,\ldots,c_n\in\mathbb{R}$ について，ベクトル

$$c_1\boldsymbol{a}_1+c_2\boldsymbol{a}_2+\cdots+c_n\boldsymbol{a}_n$$

を $\boldsymbol{a}_1,\boldsymbol{a}_2,\ldots,\boldsymbol{a}_n$ の **1 次結合**という．

1次独立・1次従属 ベクトル $\boldsymbol{a}_1, \boldsymbol{a}_2, \ldots, \boldsymbol{a}_n$ に対して

$$c_1\boldsymbol{a}_1 + c_2\boldsymbol{a}_2 + \cdots + c_n\boldsymbol{a}_n = \boldsymbol{0}$$

ならば $c_1 = c_2 = \cdots = c_n = 0$ が成り立つとき，$\boldsymbol{a}_1, \boldsymbol{a}_2, \ldots, \boldsymbol{a}_n$ は**1次独立**（**線形独立**）という．1次独立でないとき，**1次従属**（**線形従属**）という．

張られる空間 $\boldsymbol{v}_1, \boldsymbol{v}_2, \ldots, \boldsymbol{v}_k \in V$ の1次結合全体からなる V の部分集合を $\boldsymbol{v}_1, \boldsymbol{v}_2, \ldots, \boldsymbol{v}_k$ により**張られる空間**といい $\langle \boldsymbol{v}_1, \boldsymbol{v}_2, \ldots, \boldsymbol{v}_k \rangle$ で表す．$\langle \boldsymbol{v}_1, \boldsymbol{v}_2, \ldots, \boldsymbol{v}_k \rangle$ は V の部分空間になる．

基底と次元 ベクトルの組 $\boldsymbol{v}_1,\ \boldsymbol{v}_2,\ \ldots,\ \boldsymbol{v}_n \in V$ が条件

(1) $\langle \boldsymbol{v}_1, \boldsymbol{v}_2, \ldots, \boldsymbol{v}_n \rangle = V$　　(2) $\boldsymbol{v}_1, \boldsymbol{v}_2, \ldots, \boldsymbol{v}_n$ は1次独立

を満たすとき，$\boldsymbol{v}_1,\ \boldsymbol{v}_2,\ \ldots,\ \boldsymbol{v}_n$ を V の**基底**という．

基底となるベクトルの組は一意に決まらないが，基底となるベクトルの個数は一定である．この一定の数を**次元**といい $\dim V$ を用いて表す．

線形写像 $\mathbb{R}^n$ の各要素に $\mathbb{R}^m$ の要素をただ1つ対応させる規則を**写像**といい，記号 f などを用いて $f : \mathbb{R}^n \to \mathbb{R}^m$ と表す．特に写像 $f : \mathbb{R}^n \to \mathbb{R}^m$ が，定数を成分とする $m \times n$ 型行列 $A = \begin{pmatrix} a_{ij} \end{pmatrix}$ を用いて

$$f : \mathbb{R}^n \to \mathbb{R}^m \quad f(\boldsymbol{x}) = A\boldsymbol{x} \in \mathbb{R}^m \quad (\boldsymbol{x} \in \mathbb{R}^n)$$

とかけるとき，f を $\mathbb{R}^n$ から $\mathbb{R}^m$ への**線形写像**といい，A を f の**表現行列**という．

線形性 線形写像 $f : \mathbb{R}^n \to \mathbb{R}^m$ について**線形性**が成り立つ．

(1) 任意のベクトル $\boldsymbol{x}_1, \boldsymbol{x}_2 \in \mathbb{R}^n$ に対し $f(\boldsymbol{x}_1 + \boldsymbol{x}_2) = f(\boldsymbol{x}_1) + f(\boldsymbol{x}_2)$

(2) 任意のベクトル $\boldsymbol{x} \in \mathbb{R}^n$ とスカラー c に対し $f(c\boldsymbol{x}) = cf(\boldsymbol{x})$

合成写像 線形写像 $f : \mathbb{R}^n \to \mathbb{R}^m$ の表現行列が $m \times n$ 型行列 A，線形写像 $g : \mathbb{R}^m \to \mathbb{R}^l$ の表現行列が $l \times m$ 型行列 B のとき，合成変換 $g \circ f : \mathbb{R}^n \to \mathbb{R}^l$ は線形写像で，その表現行列は $l \times n$ 型行列 BA である．

像と核 $m \times n$ 型行列 A を表現行列とする線形写像 $f : \mathbb{R}^n \to \mathbb{R}^m$ に対して

(1) $\mathrm{Im}\, f = \{ f(\boldsymbol{x}) \in \mathbb{R}^m \mid \boldsymbol{x} \in \mathbb{R}^n \} \subset \mathbb{R}^m$ を f の**像**という．

(2) $\mathrm{Ker}\, f = \{ \boldsymbol{x} \in \mathbb{R}^n \mid f(\boldsymbol{x}) = \boldsymbol{0} \in \mathbb{R}^m \} \subset \mathbb{R}^n$ を f の**核**という．

次元定理 線形写像 $f : \mathbb{R}^n \to \mathbb{R}^m$ について

$$n = \dim \mathrm{Im}\, f + \dim \mathrm{Ker}\, f$$

が成り立つ（**次元定理**）．

A

37　次の $\mathbb{R}^2$ の部分集合が，$\mathbb{R}^2$ の部分空間であるかどうか判定せよ．

教問 4.17

(1)　$\left\{ \begin{pmatrix} x \\ y \end{pmatrix} \middle| \, y = \sin x \right\}$　　(2)　$\left\{ \begin{pmatrix} x \\ y \end{pmatrix} \middle| \, x \leqq y \right\}$

(3)　$\left\{ \begin{pmatrix} x \\ y \end{pmatrix} \middle| \, xy = 0 \right\}$　　(4)　$\left\{ \begin{pmatrix} x \\ y \end{pmatrix} \middle| \, x = 2y \right\}$

38　次の $\mathbb{R}^3$ の部分集合が，$\mathbb{R}^3$ の部分空間であるかどうか判定せよ．

教問 4.18

(1)　$\left\{ \begin{pmatrix} x \\ 1 \\ z \end{pmatrix} \middle| \, x, z \in \mathbb{R} \right\}$　　(2)　$\left\{ \begin{pmatrix} x \\ y \\ z \end{pmatrix} \middle| \, x + 2y + 3z = 0 \right\}$

(3)　$\left\{ \begin{pmatrix} x \\ y \\ z \end{pmatrix} \middle| \, x = 2y = 3z \right\}$　　(4)　$\left\{ \begin{pmatrix} x \\ y \\ z \end{pmatrix} \middle| \, \begin{matrix} x + 3z = 1 \text{ かつ} \\ 2x + 4y - 5z = 0 \end{matrix} \right\}$

39　次式で定義される W, U は $\mathbb{R}^3$ の部分空間か？　部分空間であれば次元と基底を求め，そうでないときはその理由を述べよ．　（愛媛大学）　教問 4.18

$$W = \left\{ \begin{pmatrix} x \\ y \\ z \end{pmatrix} \in \mathbb{R}^3 \middle| \, x + 2y - z = 0 \right\}$$

$$U = \left\{ \begin{pmatrix} x \\ y \\ z \end{pmatrix} \in \mathbb{R}^3 \middle| \, x + y = 0, z = 1 \right\}$$

40　次の $\mathbb{R}^2$ の部分集合はどのようなものか平面に図示せよ．　教例 4.5

(1)　$\left\langle \begin{pmatrix} 1 \\ -2 \end{pmatrix}, \begin{pmatrix} 2 \\ -4 \end{pmatrix} \right\rangle$　　(2)　$\left\langle \begin{pmatrix} -8 \\ 3 \end{pmatrix}, \begin{pmatrix} 5 \\ -2 \end{pmatrix} \right\rangle$

41　次の $\mathbb{R}^3$ の部分集合はどのような図形か.　◀教例 4.5

(1)　$\left\langle \begin{pmatrix} \frac{1}{2} \\ -\frac{1}{4} \\ \frac{1}{2} \end{pmatrix}, \begin{pmatrix} -1 \\ \frac{1}{2} \\ -1 \end{pmatrix}, \begin{pmatrix} 4 \\ -2 \\ 4 \end{pmatrix} \right\rangle$　(2)　$\left\langle \begin{pmatrix} 2 \\ 5 \\ 1 \end{pmatrix}, \begin{pmatrix} -1 \\ -3 \\ -2 \end{pmatrix}, \begin{pmatrix} 4 \\ 7 \\ -7 \end{pmatrix} \right\rangle$

42　次の部分空間の基底を求めよ.　◀教問 4.20

(1)　$\left\langle \begin{pmatrix} 3 \\ -3 \end{pmatrix}, \begin{pmatrix} -2 \\ 2 \end{pmatrix} \right\rangle$　(2)　$\left\langle \begin{pmatrix} -4 \\ -1 \end{pmatrix}, \begin{pmatrix} 1 \\ 8 \end{pmatrix} \right\rangle$

43　次の部分空間の基底を求めよ.　(信州大学)　◀教問 4.20

(1)　$\left\langle \begin{pmatrix} 1 \\ 1 \\ 0 \end{pmatrix}, \begin{pmatrix} 1 \\ 2 \\ 1 \end{pmatrix}, \begin{pmatrix} 0 \\ 1 \\ 1 \end{pmatrix} \right\rangle$　(2)　$\left\langle \begin{pmatrix} 0 \\ 1 \\ 0 \end{pmatrix}, \begin{pmatrix} 0 \\ 2 \\ 1 \end{pmatrix}, \begin{pmatrix} 0 \\ 1 \\ 1 \end{pmatrix} \right\rangle$

44　ベクトル空間 $\mathbb{R}^4$ の部分集合 V を,

$$V = \left\{ \begin{pmatrix} x \\ y \\ z \\ w \end{pmatrix} \in \mathbb{R}^4 \;\middle|\; x - 2y + 3w = 0, x - y + z + 2w = 0 \right\}$$

により定める.　(信州大学)　◀教問 4.20

(1)　V は $\mathbb{R}^4$ の部分空間であることを示せ.

(2)　V の基底を1組求めよ.

45　次の行列を表現行列とする線形写像の像と核について, それぞれの基底と次元を求めよ.　((3), (4), (5)：電気通信大学)　◀教問 4.22

(1)　$\begin{pmatrix} 1 & 1 \\ 1 & 3 \end{pmatrix}$　(2)　$\begin{pmatrix} 1 & 2 & 1 \\ 2 & 1 & -1 \\ 3 & 2 & 0 \end{pmatrix}$　(3)　$\begin{pmatrix} -3 & 1 & 2 \\ -4 & 1 & 3 \\ -7 & 2 & 5 \end{pmatrix}$

(4)　$\begin{pmatrix} 1 & 2 & 1 \\ -1 & 4 & 1 \\ 2 & -4 & 0 \end{pmatrix}$　(5)　$\begin{pmatrix} 6 & -18 & 3 \\ 2 & -6 & 1 \\ 4 & -14 & 3 \end{pmatrix}$

B

例題 4.2　V を基底 $\boldsymbol{v}_1, \ldots, \boldsymbol{v}_n$ をもつ n 次元ベクトル空間, W を基底 $\boldsymbol{w}_1, \ldots, \boldsymbol{w}_m$ をもつ m 次元ベクトル空間とする．線形写像 $f : V \to W$ に対し，

$$\begin{pmatrix} f(\boldsymbol{v}_1) & \cdots & f(\boldsymbol{v}_n) \end{pmatrix} = \begin{pmatrix} \boldsymbol{w}_1 & \cdots & \boldsymbol{w}_m \end{pmatrix} A, \quad A = \begin{pmatrix} a_{11} & \cdots & a_{1n} \\ \cdots & \cdots & \cdots \\ a_{m1} & \cdots & a_{mn} \end{pmatrix}$$

を満たす $m \times n$ 型行列 A を，基底 $\boldsymbol{v}_1, \ldots, \boldsymbol{v}_n$, $\boldsymbol{w}_1, \ldots, \boldsymbol{w}_m$ に対する f の表現行列という（A は V, W の基底の取り方に依存する）.

いま $V = W = \mathbb{R}^2$ とし，V の基底を $\boldsymbol{e}_1 = \begin{pmatrix} 1 \\ 0 \end{pmatrix}$, $\boldsymbol{e}_2 = \begin{pmatrix} 0 \\ 1 \end{pmatrix}$, W の基底を $\boldsymbol{a}_1 = \begin{pmatrix} 1 \\ 1 \end{pmatrix}$, $\boldsymbol{a}_2 = \begin{pmatrix} 1 \\ 2 \end{pmatrix}$ とする．

$$f\left(\begin{pmatrix} x \\ y \end{pmatrix}\right) = \begin{pmatrix} x + 2x \\ x + 3y \end{pmatrix}$$

のとき，f の $\boldsymbol{e}_1$, $\boldsymbol{e}_2$, $\boldsymbol{a}_1$, $\boldsymbol{a}_2$ に関する表現行列を求めよ．

解　$f(\boldsymbol{e}_1) = \begin{pmatrix} 1 \\ 1 \end{pmatrix} = \boldsymbol{a}_1$, $f(\boldsymbol{e}_2) = \begin{pmatrix} 2 \\ 3 \end{pmatrix} = \boldsymbol{a}_1 + \boldsymbol{a}_2$ より

$$\begin{pmatrix} f(\boldsymbol{e}_1) & f(\boldsymbol{e}_2) \end{pmatrix} = \begin{pmatrix} \boldsymbol{a}_1 & \boldsymbol{a}_1 + \boldsymbol{a}_2 \end{pmatrix} = \begin{pmatrix} \boldsymbol{a}_1 & \boldsymbol{a}_2 \end{pmatrix} \begin{pmatrix} 1 & 1 \\ 0 & 1 \end{pmatrix}$$

したがって，求める表現行列は $\begin{pmatrix} 1 & 1 \\ 0 & 1 \end{pmatrix}$ ■

46　次の集合は，指定された和とスカラー倍に関してベクトル空間になることを示せ．

(1)　集合 $M_{m,n}(\mathbb{R})$ は実数を成分とする $m \times n$ 型行列全体．和とスカラー倍は，行列の和とスカラー倍．

(2)　集合 $\mathbb{R}[x]$ は文字 x についての実数係数多項式全体．和とスカラー倍

は，多項式の和とスカラー倍．

(3) 集合は3次以下の実数を係数とする多項式全体．和とスカラー倍は，多項式の和とスカラー倍．

(4) 集合は漸化式 $a_{n+2} = 3a_{n+1} - 2a_n$ （$n = 1, 2, \ldots$）を満たす実数列 $\{a_n\}$ 全体．和とスカラー倍は

$$\{a_n\} + \{b_n\} = \{a_n + b_n\}, \quad c\{a_n\} = \{ca_n\}$$

(5) 集合は等式 $\dfrac{d^2y}{dx} + \dfrac{dy}{dx} - 2y = 0$ を満たす関数 $y = y(x)$ 全体．和とスカラー倍は

$$(y_1 + y_2)(x) = y_1(x) + y_2(x), \quad (cy)(x) = c(y(x))$$

47 次の集合は，2次正方行列の全体 $M_{22}(\mathbb{R})$ の部分空間となるか調べよ．

(1) 対称行列全体　(2) 交代行列全体

(3) 正則行列全体　(4) 行列 A と可換な行列全体

(5) 上三角行列全体　(6) すべての対角成分が0でない行列全体

48 $\mathbb{R}^4$ の部分空間 W と U は等しいことを示せ．

$$W = \left\langle \begin{pmatrix} 3 \\ -1 \\ 1 \\ 0 \end{pmatrix}, \begin{pmatrix} 1 \\ 0 \\ 3 \\ 1 \end{pmatrix} \right\rangle, \quad U = \left\langle \begin{pmatrix} 0 \\ 1 \\ 8 \\ 3 \end{pmatrix}, \begin{pmatrix} -1 \\ 1 \\ 5 \\ 2 \end{pmatrix} \right\rangle$$

49 $\mathbb{R}^3$ のベクトルを

$$\boldsymbol{v}_1 = \begin{pmatrix} 2 \\ 0 \\ -1 \end{pmatrix}, \quad \boldsymbol{v}_2 = \begin{pmatrix} -1 \\ 1 \\ -2 \end{pmatrix}, \quad \boldsymbol{v}_3 = \begin{pmatrix} 3 \\ 1 \\ -4 \end{pmatrix}, \quad \boldsymbol{v}_4 = \begin{pmatrix} a \\ b \\ c \end{pmatrix}$$

（$a, b, c \in \mathbb{R}$）とする．　（筑波大学）

(1) $\boldsymbol{v}_1$, $\boldsymbol{v}_2$, $\boldsymbol{v}_3$ が生成するベクトル空間の基底を1組求めよ．

(2) $\boldsymbol{v}_1$, $\boldsymbol{v}_2$, $\boldsymbol{v}_3$, $\boldsymbol{v}_4$ が生成するベクトル空間の次元が3となる a, b, c の条件を求めよ．

50　V を基底 $\boldsymbol{a}_1$, $\boldsymbol{a}_2$ をもつ 2 次元ベクトル空間, W を基底 $\boldsymbol{b}_1$, $\boldsymbol{b}_2$, $\boldsymbol{b}_3$ をもつ 3 次元ベクトル空間とする．線形写像 $f : V \to W$ が $f(\boldsymbol{a}_1) = 2\boldsymbol{b}_1 - 4\boldsymbol{b}_2 - 2\boldsymbol{b}_3$, $f(\boldsymbol{a}_2) = 3\boldsymbol{b}_1 - 6\boldsymbol{b}_2 - 3\boldsymbol{b}_3$ を満たすとすると，$\mathrm{Ker}\, f$ と $\mathrm{Im}\, f$ の次元はそれぞれ 1 であることを示し，それらの基底を求めよ．（山梨大学）

51　次のベクトルの組が 1 次独立かどうかを判定せよ．

（(2), (3)：北九州市立大学，(4)：広島大学）

(1) $\begin{pmatrix}1\\2\\2\end{pmatrix}, \begin{pmatrix}1\\1\\1\end{pmatrix}, \begin{pmatrix}2\\1\\2\end{pmatrix}$　(2) $\begin{pmatrix}1\\2\\1\end{pmatrix}, \begin{pmatrix}1\\4\\3\end{pmatrix}, \begin{pmatrix}3\\2\\-1\end{pmatrix}$

(3) $\begin{pmatrix}1\\2\\3\end{pmatrix}, \begin{pmatrix}1\\4\\5\end{pmatrix}, \begin{pmatrix}2\\3\\5\end{pmatrix}$　(4) $\begin{pmatrix}1\\1\\-2\end{pmatrix}, \begin{pmatrix}1\\-1\\-1\end{pmatrix}, \begin{pmatrix}-1\\-3\\3\end{pmatrix}$

52　次のベクトル空間について，基底を 1 組求めよ．

（(1)：島根大学，(2)：九州大学，(3)：佐賀大学）

(1)　$\{(x, y, z) \in \mathbb{R}^3 \mid 2x - y - 3z = 0$ かつ $x + y + z = 0\}$

(2)　$\{(x, y, z, w) \in \mathbb{R}^4 \mid x - 2y - 3w = 0$ かつ $x - y + z + 2w = 0\}$

(3)　$\{(x, y, z, w) \in \mathbb{R}^4 \mid x - y - 3z + 2w = 0$ かつ $2x - y + z + w = 0\}$

(4)　$\{(x, y, z, w) \in \mathbb{R}^4 \mid x + y = 0$ かつ $x + 3y - z + w = 0\}$

53　連立方程式

$$\begin{pmatrix}1 & 2 & 2 & 4\\ 2 & 0 & -1 & 5\end{pmatrix}\begin{pmatrix}x_1\\x_2\\x_3\\x_4\end{pmatrix} = \begin{pmatrix}0\\0\end{pmatrix}$$

を満たすベクトル $\begin{pmatrix}x_1\\x_2\\x_3\\x_4\end{pmatrix}$ 全体のなすベクトル空間 V の次元を求めよ．

（広島大学）

54 次の行列を表現行列とする線形写像の像と核について，それぞれの基底と次元を求めよ．

（(1), (5)：お茶の水女子大学，(2)：信州大学，(3)：広島大学，(4)：電気通信大学）

(1) $\begin{pmatrix} 1 & 0 & 2 & -5 \\ 3 & -6 & 0 & -3 \\ -2 & 5 & 1 & 0 \end{pmatrix}$　(2) $\begin{pmatrix} 1 & 1 & 3 & 2 \\ 2 & 1 & 5 & 3 \\ 1 & 2 & 4 & 3 \end{pmatrix}$

(3) $\begin{pmatrix} 0 & 1 & 2 & 3 \\ 1 & 2 & 3 & 4 \\ 2 & 3 & 4 & 5 \\ 3 & 4 & 5 & 6 \end{pmatrix}$　(4) $\begin{pmatrix} 7 & -7 & -3 & 3 \\ 4 & -4 & 4 & -4 \\ 11 & -9 & 13 & -11 \\ 18 & -16 & 10 & -8 \end{pmatrix}$

(5) $\begin{pmatrix} 1 & 0 & 2 & 1 \\ 2 & 1 & 1 & 0 \\ 1 & 1 & -1 & -1 \\ 3 & 1 & 3 & 1 \end{pmatrix}$

55 $V = \mathbb{R}^3$ とする．

$$A = \begin{pmatrix} -3 & -2 & -2 \\ 4 & 3 & 2 \\ 8 & 4 & 5 \end{pmatrix}, \quad \boldsymbol{b}_1 = \begin{pmatrix} 1 \\ 1 \\ 1 \end{pmatrix}, \quad \boldsymbol{b}_2 = \begin{pmatrix} -2 \\ 0 \\ 1 \end{pmatrix}, \quad \boldsymbol{b}_3 = \begin{pmatrix} 0 \\ 1 \\ 2 \end{pmatrix}$$

とし，行列 A が定める V 上の線形変換を $f(\boldsymbol{x}) = A\boldsymbol{x}$（$\boldsymbol{x} \in V$）とする．次の問いに答えよ．（類題　名古屋大学）

(1)　$\{\boldsymbol{b}_1, \boldsymbol{b}_2, \boldsymbol{b}_3\}$ は V の基底であることを示せ．

(2)　V の基底 $\{\boldsymbol{b}_1, \boldsymbol{b}_2, \boldsymbol{b}_3\}$ に関する f の表現行列 B を求めよ．

56 U, V を線形空間とし，f は U から V への線形写像とする．$\boldsymbol{a}_1, \boldsymbol{a}_2, \ldots, \boldsymbol{a}_n$ を U のベクトルとする．以下のそれぞれの命題について，正しければ証明を与え，誤りであるならば反例を挙げよ．（広島大学）

(1)　$\{\boldsymbol{a}_1, \boldsymbol{a}_2, \ldots, \boldsymbol{a}_n\}$ が1次独立であるならば $\{f(\boldsymbol{a}_1), f(\boldsymbol{a}_2), \ldots, f(\boldsymbol{a}_n)\}$ も1次独立である．

(2)　$\{f(\boldsymbol{a}_1), f(\boldsymbol{a}_2), \ldots, f(\boldsymbol{a}_n)\}$ が1次独立であるならば $\{\boldsymbol{a}_1, \boldsymbol{a}_2, \ldots, \boldsymbol{a}_n\}$ も1次独立である．

57 ベクトル空間 V と線形写像 $F: V \to V$ を考える．次の問いに答えよ．

（筑波大学）

(1) $B = \{\boldsymbol{v}_1, \boldsymbol{v}_2\}$ が V の基底なら，$B' = \{\boldsymbol{v}_1 - \boldsymbol{v}_2, \boldsymbol{v}_1 + \boldsymbol{v}_2\}$ も V の基底であることを示せ．

(2) F の基底 B に関する表現行列 A と B' に関する表現行列 A' とはどのような関係にあるか詳しく述べよ．

58 $\nu=\{\boldsymbol{v}_1, \boldsymbol{v}_2, \boldsymbol{v}_3\}$ が 3 次元線形空間 V の基底であり，線形変換 $f: V \to V$ が

$$f(\boldsymbol{v}_1) = \boldsymbol{v}_1 - \boldsymbol{v}_2 - 2\boldsymbol{v}_3$$

$$f(\boldsymbol{v}_2) = \boldsymbol{v}_1 + \boldsymbol{v}_2 + 2\boldsymbol{v}_3$$

$$f(\boldsymbol{v}_3) = -\boldsymbol{v}_1 + \boldsymbol{v}_2 + 2\boldsymbol{v}_3$$

を満たすとする．次の問いに答えよ．（電気通信大学）

(1) f の基底 ν に関する表現行列 A を求めよ．

(2) $g = f \circ f$ の基底 ν に関する表現行列 B を求めよ．

(3) $\operatorname{rank} A$ および $\operatorname{rank} B$ を求めよ．

59 $\boldsymbol{a}_1 = \begin{pmatrix} 1 \\ 1 \\ 1 \\ -1 \end{pmatrix}$, $\boldsymbol{a}_2 = \begin{pmatrix} 1 \\ 0 \\ 0 \\ 1 \end{pmatrix}$, $\boldsymbol{a}_3 = \begin{pmatrix} 0 \\ 1 \\ -1 \\ 0 \end{pmatrix}$, $\boldsymbol{a}_4 = \begin{pmatrix} -1 \\ 1 \\ 1 \\ 1 \end{pmatrix}$ とし，線形写像 $f : \mathbb{R}^4 \to \mathbb{R}^4$ を

$$f(\boldsymbol{u}) = (\boldsymbol{u}, \boldsymbol{a}_1)\boldsymbol{a}_1 + (\boldsymbol{u}, \boldsymbol{a}_2)\boldsymbol{a}_2 + (\boldsymbol{u}, \boldsymbol{a}_3)\boldsymbol{a}_3$$

で定める．ここで，$(\boldsymbol{u}, \boldsymbol{a}_j)$ は $\boldsymbol{u}$ と $\boldsymbol{a}_j$ との標準内積を表す．以下の問いに答えよ．（電気通信大学）

(1) $f(\boldsymbol{a}_1), f(\boldsymbol{a}_2), f(\boldsymbol{a}_3), f(\boldsymbol{a}_4)$ を求めよ．

(2) $\operatorname{Ker} f$ の次元と基底を求めよ．

(3) $\operatorname{Im} f$ の次元を求めよ．

(4) $f : \mathbb{R}^4 \to \mathbb{R}^4$ の基底 $\boldsymbol{a}_1, \boldsymbol{a}_2, \boldsymbol{a}_3, \boldsymbol{a}_4$ に関する表現行列を求めよ．

C 発展問題

60 集合 $P = \left\{ p(x) \,\middle|\, p(x) = \begin{vmatrix} x & -1 & 0 & 0 \\ 0 & x & -1 & 0 \\ 0 & 0 & x & -1 \\ a & b & c & d \end{vmatrix},\ a, b, c, d \text{ は実数} \right\}$ および

$f(p(x)) = p(x-1)$ で定義される写像 $f : P \to P$ について，以下の設問に答えよ（P は3次以下の実係数多項式全体の集合を表す）． （筑波大学）

(1) $p(x)$ を x の多項式の形に表せ．

(2) f が線形写像であることを示せ．

(3) 基底 $\{x^3, x^2, x, 1\}$ に関する f の表現行列を求めよ．

61 k, l を実数とし，k, l によって定められる行列 A_k, B_l を考える．

$$A_k = \begin{pmatrix} k & 1 & 1 & 1 \\ 1 & k & 1 & 1 \\ 1 & 1 & k & 1 \\ 1 & 1 & 1 & k \end{pmatrix}, \quad B_l = \begin{pmatrix} 1 & l-1 & 1 & 1 \\ 1 & 0 & l & 1 \end{pmatrix}$$

方程式 $A_k\boldsymbol{x} = \boldsymbol{0}$ の解 $\boldsymbol{x} \in \mathbb{R}^4$ すべてからなるベクトル空間を V_k とし，方程式 $B_l\boldsymbol{x} = \boldsymbol{0}$ の解 $\boldsymbol{x} \in \mathbb{R}^4$ すべてからなるベクトル空間を W_l とおく．以下の設問に答えよ． （信州大学）

(1) 行列 A_k の階数 $\operatorname{rank} A_k$ およびベクトル空間 V_k の次元 $\dim V_k$ を求めよ．

(2) $\dim V_k \cap W_l = 2$ となる組 (k, l) を求めよ．

62 $A = \begin{pmatrix} 1 & 1 & 2 & 2 & 2 \\ 1 & 2 & 3 & 2 & 1 \\ 1 & 3 & 4 & 2 & 1 \\ 1 & 2 & 3 & 2 & 2 \end{pmatrix}$ とする． （早稲田大学）

(1) A の階数を求めよ．

(2) A を表現行列とする線形写像 $T_A : \mathbb{R}^5 \to \mathbb{R}^4$ について，$\operatorname{Im} T_A$ と $\operatorname{Ker} T_A$ を求めよ．

(3) T_A の表現行列がなるべく簡単な行列となるように，$\mathbb{R}^5$ と $\mathbb{R}^4$ の基底をとると，T_A の表現行列は対角成分の $(1, 1)$ 成分から (r, r) 成分まで

が 1，その他対角以外が 0，残りの成分も 0 となるようにできる．ただし r は A の階数である．このような基底を求めよ．

63 t を実数とする．以下の各問いに答えよ．（お茶の水女子大学）

(1) 行列 $\begin{pmatrix} 2 & 1 & 1 & 1 \\ 1 & 2t-2 & t & 1 \\ 1 & 0 & 1 & t \\ t & t-1 & 1 & 1 \end{pmatrix}$ の階数を求めよ．

(2) 4 次元実ベクトル空間 $\mathbb{R}^4$ のベクトル $\begin{pmatrix} 2 \\ 1 \\ 1 \\ t \end{pmatrix}, \begin{pmatrix} 1 \\ 2t-2 \\ 0 \\ t-1 \end{pmatrix}, \begin{pmatrix} 1 \\ t \\ 1 \\ 1 \end{pmatrix}, \begin{pmatrix} 1 \\ 1 \\ t \\ 1 \end{pmatrix}$

で生成される $\mathbb{R}^4$ の部分空間を $V(t)$ で表す．t が実数全体を動くとき，$V(t)$ の次元の最小値をとるような t の値を求めよ．また，そのときの $V(t)$ の基底を求めよ．

(3) 次の連立 1 次方程式が解をもつような t をすべて求めよ．

$$\begin{cases} 2x + y + z = 1 \\ x + (2t-2)y + tz = 1 \\ x + z = t \\ tx + (t-1)y + z = 1 \end{cases}$$

64 E を 3 次単位行列とする．$A = \begin{pmatrix} -1 & 0 & 1 \\ \frac{1}{4} & -\frac{1}{2} & -\frac{1}{4} \\ -\frac{1}{2} & -1 & -\frac{3}{2} \end{pmatrix}$ および $B = E + A$ とする．次の問いに答えよ．（愛媛大学）

(1) $B^2 \neq O$ であるが，$B^3 = O$ であることを示せ．

(2) 3 次元数ベクトル $\boldsymbol{u}$ で，$B^2\boldsymbol{u} \neq \boldsymbol{0}$ であるものを 1 つ選べ．

(3) (2) で選んだベクトル $\boldsymbol{u}$ に対して，$\boldsymbol{u}$, $B\boldsymbol{u}$, $B^2\boldsymbol{u}$ は 1 次独立であること，したがって，$\mathbb{R}^3$ の基底をなすことを示せ．

(4) 線形変換 $f : \mathbb{R}^3 \to \mathbb{R}^3$ を

$$\boldsymbol{x} \longmapsto A\boldsymbol{x} \quad (\boldsymbol{x} \in \mathbb{R}^3)$$

で定める．f の基底 $\{\boldsymbol{u}, B\boldsymbol{u}, B^2\boldsymbol{u}\}$ に関する表現行列を求めよ．

5 固有値と対角化

5.1 固有値と固有ベクトルと対角化

固有値と固有ベクトルの定義 A を n 次正方行列，$\boldsymbol{p}$ を n 次列ベクトルとする．

$$A\boldsymbol{p} = \lambda\boldsymbol{p} \quad (\boldsymbol{p} \neq \boldsymbol{0})$$

が成り立つとき，λ を A の**固有値**，$\boldsymbol{p}$ を固有値 λ に属する A の**固有ベクトル**という．

■注意　この本では主として固有値・固有ベクトルは実数について考える．

固有方程式 正方行列 A の固有値は**固有方程式**

$$|\lambda E - A| = 0$$

を解いて求める．また，多項式 $\varphi_A(x) = |xE - A|$ を A の**固有多項式**という．

行列の対角化 n 次正方行列 A の n 個の固有値を重複を許して $\lambda_1, \lambda_2, \ldots, \lambda_n$ とし，各固有値 λ_i $(i = 1, 2, \ldots, n)$ に属する固有ベクトルを $\boldsymbol{p}_i$ $(i = 1, 2, \ldots, n)$ とする．この n 個の固有ベクトル $\boldsymbol{p}_1, \boldsymbol{p}_2, \ldots, \boldsymbol{p}_n$ が 1 次独立であるならば，この n 個の固有ベクトルを並べてできる行列

$$P = \begin{pmatrix} \boldsymbol{p}_1 & \boldsymbol{p}_2 & \cdots & \boldsymbol{p}_n \end{pmatrix}$$

は正則行列であり，これを用いて行列 A は次のように対角化される．

$$P^{-1}AP = \begin{pmatrix} \lambda_1 & 0 & \cdots & 0 \\ 0 & \lambda_2 & \ddots & \vdots \\ \vdots & \ddots & \ddots & 0 \\ 0 & \cdots & 0 & \lambda_n \end{pmatrix}$$

固有ベクトルの 1 次独立性と行列の対角化

(1)　異なる固有値に属する固有ベクトルは 1 次独立である．

(2)　n 次正方行列が相異なる n 個の固有値をもてば，対角化できる．

(3)　n 次正方行列が重複する固有値をもっていても，1 次独立な n 個の固有ベクトルをもてば，対角化できる．

A

1　次の行列の実数の固有値（実《じつ》固有値という）と実数を成分にもつ固有ベクトルを求めよ．

教 問 5.1

(1) $\begin{pmatrix} 2 & 2 \\ 2 & -1 \end{pmatrix}$　(2) $\begin{pmatrix} 1 & 5 \\ -1 & 2 \end{pmatrix}$　(3) $\begin{pmatrix} 2 & -1 \\ 1 & 4 \end{pmatrix}$

(4) $\begin{pmatrix} 3 & -1 \\ 7 & -5 \end{pmatrix}$　(5) $\begin{pmatrix} 4 & 2 \\ 3 & 3 \end{pmatrix}$　(6) $\begin{pmatrix} 1 & -4 \\ 4 & 1 \end{pmatrix}$

(7) $\begin{pmatrix} 4 & 9 \\ 2 & 1 \end{pmatrix}$　(8) $\begin{pmatrix} -3 & 3 \\ 4 & 1 \end{pmatrix}$　(9) $\begin{pmatrix} 1 & -1 \\ 1 & 3 \end{pmatrix}$

(10) $\begin{pmatrix} 1 & -1 & 1 \\ 0 & -1 & 2 \\ -1 & -4 & 5 \end{pmatrix}$　(11) $\begin{pmatrix} -3 & -8 & 3 \\ 0 & -1 & 0 \\ -10 & -16 & 8 \end{pmatrix}$

2　**1** の行列を実数の範囲で対角化せよ．対角化できないときは，その理由を述べよ．

教 問 5.2, 5.3

3　行列 $A = \begin{pmatrix} a^2 & 2 \\ -6 & -3 \end{pmatrix}$ が固有ベクトル $\begin{pmatrix} 1 \\ a \end{pmatrix}$ をもつように実数 a を定めよ．このとき，この行列 A の固有値と固有ベクトルをすべて求めよ．また，正則行列 P を見つけて $P^{-1}AP$ が対角行列になるようにせよ．

教 5.1，問 5.1, 5.2

4　行列 $A = \begin{pmatrix} 2 & 4 \\ 1 & 5 \end{pmatrix}$ について，次の問いに答えよ．

教 5.1，問 5.1

(1)　A の固有値は，1 と λ である．λ を求めよ．

(2)　固有値 1 に属する固有ベクトルは，$k\begin{pmatrix} x \\ 1 \end{pmatrix}$（$k$ は 0 でない任意の実数）である．x を求めよ．

5　ベクトル $\begin{pmatrix}4\\-1\end{pmatrix}$ が行列 $A=\begin{pmatrix}3&4\\-1&a\end{pmatrix}$ の固有ベクトルであるとき，次の問いに答えよ．　◀教 5.1

(1)　$\begin{pmatrix}4\\-1\end{pmatrix}$ に対する A の固有値を求めよ．

(2)　a の値を求めよ．

6　a は正の実数で，行列 $A=\begin{pmatrix}a&5\\5&a\end{pmatrix}$ の固有値の一つが -2 であるとき，行列 A のもう一つの固有値は x である．また，$\begin{pmatrix}-1\\y\end{pmatrix}$ は行列 A の固有値 -2 に対する固有ベクトルである．x と y を求めよ．　◀教 5.1

7　行列 $A=\begin{pmatrix}1&6\\6&-4\end{pmatrix}$ について，次の問いに答えよ．　◀教問 5.1

(1)　A の固有値を求めよ．

(2)　行列 A の正の固有値に対する固有ベクトルは，k（$\neq 0$）を任意の実数として $k\begin{pmatrix}3\\y\end{pmatrix}$ と表される．y を求めよ．

8　行列 $A=\begin{pmatrix}a&2&3\\4&1&a\\b&2&-1\end{pmatrix}$ がベクトル $\begin{pmatrix}1\\0\\2\end{pmatrix}$ を固有ベクトルにもつように実数 a, b を定めよ．また，このときこの行列 A の固有値をすべて求めよ．　◀教 5.1，問 5.1

9　3次正方行列 A が相異なる3つの固有値 λ_1, λ_2, λ_3 をもち，これらの固有値に属する固有ベクトルをそれぞれ，$\boldsymbol{p}_1$, $\boldsymbol{p}_2$, $\boldsymbol{p}_3$ とする．固有ベクトル $\boldsymbol{p}_1$, $\boldsymbol{p}_2$, $\boldsymbol{p}_3$ は1次独立であることを示せ．　◀教 5.4

B

例題 5.1　A を 2 次正方行列とし，$B = A^3 - 5A + 4E$ とおく．A の固有値が -1 と 2 であるとき，B の行列式 $|B|$ の値を求めよ．

解　A が異なる 2 つの固有値をもつので，正則行列 P が存在して

$$P^{-1}AP = \begin{pmatrix} -1 & 0 \\ 0 & 2 \end{pmatrix}$$

となる．これより

$$\begin{aligned} P^{-1}BP &= P^{-1}(A^3 - 5A + 4E)P \\ &= P^{-1}A^3P - 5P^{-1}AP + 4P^{-1}EP \\ &= \left(P^{-1}AP\right)^3 - 5P^{-1}AP + 4E \\ &= \begin{pmatrix} (-1)^3 & 0 \\ 0 & 2^3 \end{pmatrix} - 5\begin{pmatrix} -1 & 0 \\ 0 & 2 \end{pmatrix} + 4\begin{pmatrix} 1 & 0 \\ 0 & 1 \end{pmatrix} = \begin{pmatrix} 8 & 0 \\ 0 & 2 \end{pmatrix} \end{aligned}$$

となる．

$$|P^{-1}BP| = |P^{-1}||B||P| = |B||P^{-1}||P| = |B||P^{-1}P| = |B||E| = |B|$$

であるから

$$|B| = |P^{-1}BP| = 8 \cdot 2 = 16$$

■

例題 5.2　$A = \begin{pmatrix} 2 & 4 \\ 5 & 3 \end{pmatrix}$ $B = \begin{pmatrix} 5 & -8 \\ -10 & 3 \end{pmatrix}$ とする．次の問いに答えよ．

(1)　$AB = BA$ を確かめよ．

(2)　$P^{-1}AP$ が対角行列になるような正則行列 P を求めよ．また，このとき，$P^{-1}BP$ も対角行列になることを確かめよ．

（同じ正則行列 P で対角化されるとき，A, B は同時対角化されるという．）

解　(1)　$AB = \begin{pmatrix} -30 & -4 \\ -5 & -31 \end{pmatrix}$ と $BA = \begin{pmatrix} -30 & -4 \\ -5 & -31 \end{pmatrix}$ より，$AB = BA$

(2) λ を A の固有値とすると $|\lambda E - A| = 0$ より，$\lambda = -2, 7$ を得る．これらの固有値に属する固有ベクトルを1つずつ求めると，それぞれ

$$\begin{pmatrix} 1 \\ -1 \end{pmatrix}, \quad \begin{pmatrix} 4 \\ 5 \end{pmatrix}$$

がとれる．$P = \begin{pmatrix} 1 & 4 \\ -1 & 5 \end{pmatrix}$ とおくと $P^{-1}AP = \begin{pmatrix} -2 & 0 \\ 0 & 7 \end{pmatrix}$ となる．さらに

$$P^{-1}BP = \frac{1}{9}\begin{pmatrix} 5 & -4 \\ 1 & 1 \end{pmatrix}\begin{pmatrix} 5 & -8 \\ -10 & 3 \end{pmatrix}\begin{pmatrix} 1 & 4 \\ -1 & 5 \end{pmatrix} = \begin{pmatrix} 13 & 0 \\ 0 & -5 \end{pmatrix}$$

となり，$P^{-1}BP$ も対角行列になる．

■**注意** 一般に A, B が対角化可能でかつ $AB = BA$ が成り立つとき，A, B は同時対角化することができる． ■

---

10 正方行列 A が λ を固有値としてもつとする．次のことを示せ．

(1) A^2 は λ^2 を固有値としてもつ．

(2) $A^2 + 3A - 5E$ は $\lambda^2 + 3\lambda - 5$ を固有値としてもつ．

(3) $A - 2E$ は正則とする．このとき，$(A - 2E)^{-1}$ は $(\lambda - 2)^{-1}$ を固有値としてもつ．

11 正方行列 A が $A^3 = A$ を満たすとする．A の固有値は $0, 1, -1$ のいずれかであることを示せ．

12 A を3次正方行列とし，$B = A^2 + A - 3E$ とおく．A の固有値が -1 と 2 と 5 であるとき，B の行列式 $|B|$ の値を求めよ．

13 正方行列 A とその転置行列 ${}^t\!A$ は同じ固有値をもつことを示せ．

14 $A = \begin{pmatrix} 0 & 1 & 0 \\ 0 & 0 & 1 \\ -4 & 4 & 1 \end{pmatrix}$, $B = \begin{pmatrix} 7 & 2 & -1 \\ 4 & 3 & 1 \\ -4 & 8 & 4 \end{pmatrix}$ とする．次の問いに答えよ．

(1) $AB = BA$ を確かめよ．

(2) $P^{-1}AP$ が対角行列になるような正則行列 P を求めよ．また，このとき，$P^{-1}BP$ も対角行列になることを確かめよ．

15　次の行列の固有値と固有ベクトルを求めよ．

(1) $\begin{pmatrix} 1 & 0 & -1 \\ 1 & 2 & 1 \\ 2 & 2 & 3 \end{pmatrix}$　　(2) $\begin{pmatrix} 0 & -5 & -4 \\ -3 & -7 & -7 \\ 5 & 14 & 13 \end{pmatrix}$

(3) $\begin{pmatrix} -1 & -5 & -1 \\ 2 & 4 & 0 \\ -4 & -8 & 0 \end{pmatrix}$　　(4) $\begin{pmatrix} 1 & -3 & 2 \\ 0 & -2 & -1 \\ -1 & 1 & -3 \end{pmatrix}$

(5) $\begin{pmatrix} 1 & -3 & 3 \\ 3 & -5 & 3 \\ 6 & -6 & 4 \end{pmatrix}$　　(6) $\begin{pmatrix} 1 & 0 & 1 \\ 1 & 1 & 2 \\ 1 & 0 & 1 \end{pmatrix}$

16　**15** の各行列を対角化せよ．できないときは，その理由を述べよ．

17　次の行列を実数の範囲で対角化せよ．できないときは，その理由を述べよ．

(1) $\begin{pmatrix} 3 & 2 \\ -2 & 1 \end{pmatrix}$　　(2) $\begin{pmatrix} 1 & 3 \\ 2 & 3 \end{pmatrix}$　　(3) $\begin{pmatrix} 1 & -2 \\ 2 & 5 \end{pmatrix}$

(4) $\begin{pmatrix} 1 & 3 & 0 \\ 1 & 7 & -2 \\ 2 & 14 & -3 \end{pmatrix}$　　(5) $\begin{pmatrix} 2 & 1 & 1 \\ 1 & 2 & 1 \\ 0 & 0 & 1 \end{pmatrix}$

18　2 次正方行列 $A = \begin{pmatrix} a & b \\ c & d \end{pmatrix}$ に対して $\mathrm{tr}\, A = a + d$（対角成分の和）と定義する．また，$|A| = ad - bc$ は A の行列式とする．$B = \begin{pmatrix} p & q \\ r & s \end{pmatrix}$ とおくとき，次のことを示せ．

(1)　$\mathrm{tr}(AB) = \mathrm{tr}(BA)$　　(2)　$|AB| = |A||B|$

(3)　A の固有値を λ_1, λ_2 とし，正則行列 P で $P^{-1}AP = \begin{pmatrix} \lambda_1 & 0 \\ 0 & \lambda_2 \end{pmatrix}$ と対角化されているとすると

$$\mathrm{tr}\, A = \lambda_1 + \lambda_2, \quad |A| = \lambda_1 \lambda_2$$

が成り立つ．

5.2 直交行列の性質と対称行列の対角化

内　積　n 次実数ベクトル空間 $\mathbb{R}^n$ の 2 つの列ベクトル

$\boldsymbol{x} = {}^t\begin{pmatrix} x_1 & x_2 & \cdots & x_n \end{pmatrix}$, $\boldsymbol{y} = {}^t\begin{pmatrix} y_1 & y_2 & \cdots & y_n \end{pmatrix}$ に対して（**標準**）**内積**《ないせき》を次で定める.

$$\boldsymbol{x} \cdot \boldsymbol{y} = {}^t\boldsymbol{x}\boldsymbol{y} = x_1y_1 + x_2y_2 + \cdots + x_ny_n$$

シュワルツの不等式　任意の n 次列ベクトル $\boldsymbol{x}, \boldsymbol{y}$ について

$$-|\boldsymbol{x}||\boldsymbol{y}| \leqq \boldsymbol{x} \cdot \boldsymbol{y} \leqq |\boldsymbol{x}||\boldsymbol{y}|$$

が成り立つ．この不等式を**シュワルツの不等式**という.

直交行列の定義

$$P \text{ が直交行列} \iff {}^tPP = E \iff P^{-1} = {}^tP$$

直交行列の特徴づけ　P を n 次正方行列とする.

$$P = \begin{pmatrix} \boldsymbol{p}_1 & \boldsymbol{p}_2 & \cdots & \boldsymbol{p}_n \end{pmatrix} \text{ が直交行列} \iff \boldsymbol{p}_i \cdot \boldsymbol{p}_j = \begin{cases} 1 & (i = j) \\ 0 & (i \neq j) \end{cases}$$

対称行列の性質

(1)　対称行列の固有値はすべて実数である.

(2)　対称行列の異なる固有値に属する固有ベクトルは直交する.

(3)　対称行列 A は直交行列 P で対角化できる．すなわち，${}^tPAP$ を対角行列にできる.

A

19　次の w の最大値と最小値を求めよ.　◀教問 5.5

(1)　$x^2 + y^2 = 5$ のとき，$w = 2x + y$

(2)　$x^2 + y^2 + z^2 = 100$ のとき，$w = 3x - 2y + 6z$

(3)　$(x-2)^2 + (y+1)^2 + (z-3)^2 = 25$ のとき，$w = 2x + 2y + z + 3$

20　$P = \begin{pmatrix} a & b \\ 2a & c \end{pmatrix}$ を直交行列とする．a, b, c を求めよ．ただし，$a > 0, b > 0$ とする.　◀教 5.7

21　$P = \begin{pmatrix} a & b \\ c & d \end{pmatrix}$ を直交行列とする．次の問いに答えよ．　◀教問 5.6

(1)　a, b, c, d の間に成り立つ関係式を書き出せ．

(2)　P は次の形の行列のいずれかになることを示せ．

$$\begin{pmatrix} \cos\theta & -\sin\theta \\ \sin\theta & \cos\theta \end{pmatrix} \quad \text{または} \quad \begin{pmatrix} \cos\theta & \sin\theta \\ \sin\theta & -\cos\theta \end{pmatrix}$$

22　次の対称行列 A を対角化する直交行列 P を求め，A を対角化せよ．

◀教問 5.8

(1)　$\begin{pmatrix} 2 & 1 \\ 1 & 2 \end{pmatrix}$　(2)　$\begin{pmatrix} 5 & -3 \\ -3 & 5 \end{pmatrix}$　(3)　$\begin{pmatrix} 1 & 2 \\ 2 & -2 \end{pmatrix}$　(4)　$\begin{pmatrix} 9 & 12 \\ 12 & 16 \end{pmatrix}$

23　P, Q が直交行列とすると逆行列 P^{-1}，および，積 PQ も直交行列であることを示せ．　◀教 5.7

B

例題 5.3　$f : \mathbb{R}^n \to \mathbb{R}^n$ を線形変換とする．次の 3 条件は同値である．

(1)　f は直交変換．すなわち，直交行列 P が存在して，$f(\boldsymbol{x}) = P\boldsymbol{x}$

(2)　f は内積を保つ．すなわち，任意の n 次列ベクトル $\boldsymbol{x}, \boldsymbol{y}$ に対し

$$f(\boldsymbol{x}) \cdot f(\boldsymbol{y}) = \boldsymbol{x} \cdot \boldsymbol{y}$$

(3)　f はベクトルの大きさを保つ．すなわち任意の n 次列ベクトル $\boldsymbol{x}$ に対し

$$|f(\boldsymbol{x})| = |\boldsymbol{x}|$$

特に，(2) と (3) が同値であることを示せ．

証明　(i)　(2) $\Longrightarrow$ (3)　$|f(\boldsymbol{x})| = \sqrt{f(\boldsymbol{x}) \cdot f(\boldsymbol{x})} = \sqrt{\boldsymbol{x} \cdot \boldsymbol{x}} = |\boldsymbol{x}|$

(ii)　(3) $\Longrightarrow$ (2)　(3) が成り立つとすると

$$4\,\boldsymbol{x} \cdot \boldsymbol{y} = |\boldsymbol{x} + \boldsymbol{y}|^2 - |\boldsymbol{x} - \boldsymbol{y}|^2 = |f(\boldsymbol{x} + \boldsymbol{y})|^2 - |f(\boldsymbol{x} - \boldsymbol{y})|^2$$
$$= |f(\boldsymbol{x}) + f(\boldsymbol{y})|^2 - |f(\boldsymbol{x}) - f(\boldsymbol{y})|^2 = 4\,f(\boldsymbol{x}) \cdot f(\boldsymbol{y})$$

これより，(2) が成り立つ．　■

24 上の例題 5.3 について「(2) $\Longrightarrow$ (1)」を示せ.

25 A を直交行列とする. A が実数の固有値をもつとき, その固有値は 1 または -1 であることを示せ.

26 次の対称行列 A を直交行列 P を求めて対角化せよ.

(1) $\begin{pmatrix} 0 & 1 & 1 \\ 1 & 0 & 1 \\ 1 & 1 & 0 \end{pmatrix}$　(2) $\begin{pmatrix} 2 & 1 & 1 \\ 1 & 2 & 1 \\ 1 & 1 & 2 \end{pmatrix}$

(3) $\begin{pmatrix} 1 & -2 & -4 \\ -2 & -4 & -6 \\ -4 & -6 & -3 \end{pmatrix}$　(4) $\begin{pmatrix} 4 & -1 & 1 \\ -1 & 4 & -1 \\ 1 & -1 & 4 \end{pmatrix}$

27 a, b を $a \neq b,\ a \neq 0,\ b \neq 0$ を満たす実数とする. 行列

$$A = \begin{pmatrix} a-b & 0 & 0 & 0 \\ 0 & a & b & 0 \\ 0 & b & a & 0 \\ 0 & 0 & 0 & a-b \end{pmatrix}$$

を直交行列を用いて対角化せよ.

28 原点 O を通る平面

$$ax + by + cz = 0 \quad \cdots ①$$

に関する対称移動（折り返し）を表す線形変換を f とし, f の表現行列を A とする. ただし a, b, c は $a^2 + b^2 + c^2 = 1$ を満たす実数とする. 次の問いに答えよ.

(1) $A = \begin{pmatrix} 1-2a^2 & -2ab & -2ac \\ -2ab & 1-2b^2 & -2bc \\ -2ac & -2bc & 1-2c^2 \end{pmatrix}$ となることを示せ.

(2) A が直交行列になることを行列の成分の計算で示せ.

5.3 対角化の応用

行列の n 乗　n を自然数とするとき

$$P^{-1}AP = \begin{pmatrix} \lambda_1 & 0 \\ 0 & \lambda_2 \end{pmatrix} \iff A^n = P \begin{pmatrix} {\lambda_1}^n & 0 \\ 0 & {\lambda_2}^n \end{pmatrix} P^{-1}$$

2 次曲線の標準形

$$ax^2 + 2bxy + cy^2 = d \iff \begin{pmatrix} x & y \end{pmatrix} \begin{pmatrix} a & b \\ b & c \end{pmatrix} \begin{pmatrix} x \\ y \end{pmatrix} = d \quad \cdots ①$$

$A = \begin{pmatrix} a & b \\ b & c \end{pmatrix}$ とおき，直交行列 P で ${}^tPAP = \begin{pmatrix} \alpha & 0 \\ 0 & \beta \end{pmatrix}$ となるとする．

$\begin{pmatrix} x \\ y \end{pmatrix} = P \begin{pmatrix} \widetilde{x} \\ \widetilde{y} \end{pmatrix}$ とおくと

$$① \iff \alpha \widetilde{x}^{\,2} + \beta \widetilde{y}^{\,2} = d$$

A

29　次の行列の n 乗を計算せよ．n は自然数とする．　◀教問 5.9

(1) $\begin{pmatrix} 3 & 4 \\ 3 & -1 \end{pmatrix}$　(2) $\begin{pmatrix} 3 & -1 \\ 6 & -4 \end{pmatrix}$　(3) $\begin{pmatrix} 5 & 2 \\ -1 & 2 \end{pmatrix}$

30　次の 2 次曲線の標準形を求めよ．この曲線はどのような曲線か．

◀教問 5.10

(1) $5x^2 + 2xy + 5y^2 = 10$　(2) $2x^2 + 4xy + 5y^2 = 16$

(3) $x^2 + 2xy - y^2 = 4$　(4) $3x^2 + 4\sqrt{3}\,xy + 7y^2 = 9$

31　次の 2 次曲線の標準形を求めよ．求めた標準形の曲線を原点のまわりにどれだけ回転させると問題の曲線になるか．　◀教問 5.10

(1) $2x^2 - xy + 2y^2 = 5$　(2) $5x^2 - 2\sqrt{3}\,xy + 7y^2 = 8$

(3) $x^2 + xy + y^2 = 3$　(4) $7x^2 + 6\sqrt{3}\,xy + 13y^2 = 16$

B

例題 5.4 次の連立漸化式を解いて，一般項 x_n, y_n を求めよ．

$$\begin{cases} x_{n+1} = 2x_n + y_n \\ y_{n+1} = 4x_n - y_n \end{cases} \quad (n \geqq 0) \qquad \begin{cases} x_0 = 1 \\ y_0 = 0 \end{cases}$$

解 $A = \begin{pmatrix} 2 & 1 \\ 4 & -1 \end{pmatrix}$ とおくと，漸化式は $\begin{pmatrix} x_{n+1} \\ y_{n+1} \end{pmatrix} = A \begin{pmatrix} x_n \\ y_n \end{pmatrix}$ となる．

これより，$n \geqq 1$ のとき，$\begin{pmatrix} x_n \\ y_n \end{pmatrix} = A^n \begin{pmatrix} x_0 \\ y_0 \end{pmatrix} = A^n \begin{pmatrix} 1 \\ 0 \end{pmatrix}$ が成り立つ．

ここで，A を対角化すると $P = \begin{pmatrix} 1 & 1 \\ 1 & -4 \end{pmatrix}$ のとき，$P^{-1}AP = \begin{pmatrix} 3 & 0 \\ 0 & -2 \end{pmatrix}$ となる．これより

$$A^n = P \begin{pmatrix} 3^n & 0 \\ 0 & (-2)^n \end{pmatrix} P^{-1}$$

$$= \frac{1}{5} \begin{pmatrix} 4 \cdot 3^n + (-2)^n & 3^n - (-2)^n \\ 4 \cdot 3^n - 4 \cdot (-2)^n & 3^n + 4 \cdot (-2)^n \end{pmatrix}$$

よって

$$x_n = \frac{4 \cdot 3^n + (-2)^n}{5}, \quad y_n = \frac{4 \cdot 3^n - 4 \cdot (-2)^n}{5}$$

これは $n = 0$ のときにも成り立つ． ■

例題 5.5 変数 x, y, z が条件 $x^2 + y^2 + z^2 = 1$ を満たしているとき

$$w = x^2 + 2y^2 + 3z^2 + 4xy + 4yz$$

のとる値の最大値と最小値を求めよ．

解 $\boldsymbol{x} = \begin{pmatrix} x \\ y \\ z \end{pmatrix}$ とおき，$A = \begin{pmatrix} 1 & 2 & 0 \\ 2 & 2 & 2 \\ 0 & 2 & 3 \end{pmatrix}$ とおくと，$w = {}^t\boldsymbol{x}A\boldsymbol{x}$ とかける．A

の固有値は $-1, 2, 5$ であり，直交行列 P が存在して ${}^tPAP = \begin{pmatrix} -1 & 0 & 0 \\ 0 & 2 & 0 \\ 0 & 0 & 5 \end{pmatrix}$

が成り立つ．$\boldsymbol{x} = P\boldsymbol{v} = P\begin{pmatrix} s \\ t \\ u \end{pmatrix}$ とおくと

$$w = {}^t\boldsymbol{v}\ {}^tPAP\boldsymbol{v} = -s^2 + 2t^2 + 5u^2$$

が成り立つ．P は直交行列なので $s^2 + t^2 + u^2 = 1$ が成り立つ．

これより u^2 を消去すると

$$w = -6s^2 - 3t^2 + 5$$

となり，$s = t = 0$ のとき，w は最大値 5 をとる．

また，s^2 を消去すると

$$w = -1 + 3t^2 + 6u^2$$

となり，$t = u = 0$ のとき，w は最小値 -1 をとる．■

32　与えられた条件の下で w の最大値と最小値を求めよ．

（類題　横浜国立大学）

(1)　$x^2 + y^2 = 1$ のとき，$w = 3x^2 - 2xy + 3y^2$

(2)　$x^2 + y^2 = 7$ のとき，$w = x^2 + 4xy + 5y^2$

(3)　$x^2 + y^2 + z^2 = 1$ のとき，$w = 3x^2 + 2y^2 + 2z^2 + 2xy + 2xz$

33　任意のベクトル $\begin{pmatrix} x \\ y \\ z \end{pmatrix} \neq \begin{pmatrix} 0 \\ 0 \\ 0 \end{pmatrix}$ に対して

$$\begin{pmatrix} x & y & z \end{pmatrix} \begin{pmatrix} 1 & a & -a \\ a & 1 & a \\ -a & a & 1 \end{pmatrix} \begin{pmatrix} x \\ y \\ z \end{pmatrix} > 0$$

が成り立つような a の値の範囲を定めよ．　（東京工業大学）

34 ハミルトン–ケーリーの定理を利用して，次の行列の n 乗を計算せよ．ただし n は自然数とする．

(1) $\begin{pmatrix} 1 & -1 \\ 1 & 3 \end{pmatrix}$　(2) $\begin{pmatrix} -2 & -1 \\ 3 & 1 \end{pmatrix}$　(3) $\begin{pmatrix} 2 & -1 \\ 5 & -2 \end{pmatrix}$

解く前に　教科書 演習問題 B の **9**, **10** 参照.

35 次の行列の n 乗を計算せよ．ただし n は自然数とする．

(1) $\begin{pmatrix} 0 & 1 & 0 \\ 1 & 0 & 0 \\ 0 & 0 & 2 \end{pmatrix}$　(2) $\begin{pmatrix} 1 & 1 & 1 \\ -2 & 3 & 2 \\ 0 & 1 & 2 \end{pmatrix}$

36 次の連立漸化式を解いて，一般項 x_n, y_n を求めよ．　(類題　新潟大学)

$$\begin{cases} x_{n+1} = 4x_n - 7y_n \\ y_{n+1} = 2x_n - 5y_n \end{cases} \quad (n = 0, 1, \ldots) \qquad \begin{cases} x_0 = -1 \\ y_0 = 1 \end{cases}$$

37 次の連立漸化式を解いて，一般項 x_n, y_n を求めよ．

$$\begin{cases} x_{n+1} = x_n + 4y_n - 4 \\ y_{n+1} = 2x_n + 3y_n \end{cases} \quad (n = 0, 1, \ldots) \qquad \begin{cases} x_0 = 1 \\ y_0 = 0 \end{cases}$$

38 2 次曲線 $ax^2 + 2bxy + cy^2 = d$ が楕円を表すための係数 a, b, c, d に対する条件を求めよ．ただし $d > 0$ とする．

39 漸化式

$$x_1 = 3, \quad x_2 = -2, \quad x_{n+2} = 3x_{n+1} + 10x_n \quad (n = 1,\ 2,\ 3,\ \ldots)$$

で定まる数列 $\{x_n\}$ の一般項を次の手順で求めよ．

(1) $\boldsymbol{u}_n = \begin{pmatrix} x_n \\ x_{n+1} \end{pmatrix}$ $(n = 1,\ 2,\ 3,\ \ldots)$ とおく．$\boldsymbol{u}_{n+1} = A\boldsymbol{u}_n$ が成り立つような 2 次正方行列 A を定めよ．

(2) $\boldsymbol{u}_n$ を A と $\boldsymbol{u}_1$ で表せ．

(3) この数列の一般項 x_n を求めよ．

C 発展問題

40 交代行列 A が実数の固有値をもつとき，その固有値は 0 であることを示せ．

41 A を 2 次正方行列とし，

$$B = (A^3 - 4A^2 + 2A + 2E)^{-1}$$

とおく．A の固有値が 3 と -1 であるとき，B を $kA + lE$（k, l は実数）の形に表せ．また，B の固有値を求めよ．ただし，E を単位行列とする．

（類題　名古屋大学）

42 次の問いに答えよ．

(1)　A, B を零行列でない正方行列とする．$AB = O$ ならば

$$|A| = |B| = 0$$

であることを示せ．

(2)　A をスカラー行列（単位行列の実数倍）でないとする．$A^2-3A-10E = O$ のとき，A の固有値は 5 と -2 の 2 つだけであることを示せ．

43 A, B を 3 次正方行列とし，$AB = BA$ とする．A が相異なる 3 個の固有値をもつとき，同時対角化されることを示せ．すなわち，正則行列 P が存在して $P^{-1}AP$ と $P^{-1}BP$ がともに対角行列になることを示せ．

44 E を単位行列とする．T を $E + T$ が正則な直交行列とする．

$$S = (E - T)(E + T)^{-1}$$

は交代行列（${}^tS = -S$）であることを示せ．（類題　京都大学）

45 変数 x_1, x_2, x_3 が条件式 ${x_1}^2 + {x_2}^2 + {x_3}^2 = 1$ を満たしながら変化するとき，2 次形式

$${}^t\boldsymbol{x}A\boldsymbol{x} = \sum_{i=1}^{3}\sum_{j=1}^{3} a_{ij}x_ix_j$$

の最大値と最小値は，対称行列 $A = \begin{pmatrix} a_{ij} \end{pmatrix}$ の固有値の最大値と最小値に一致することを示せ（ただし，$\boldsymbol{x} = \begin{pmatrix} x_1 \\ x_2 \\ x_3 \end{pmatrix}$ とする）．

46　a, b を正の実数とし，n を自然数とする．a_n, b_n を

$$\begin{pmatrix} a_n \\ b_n \end{pmatrix} = A^n \begin{pmatrix} a \\ b \end{pmatrix} \quad ただし，\quad A = \begin{pmatrix} 2 & 1 \\ 1 & 1 \end{pmatrix}$$

で定める．このとき，a, b の選び方によらず，極限値 $L = \lim_{n\to\infty} \dfrac{a_n}{b_n}$ が定まることを示し，L を求めよ．　（東京大学）

47　行列 $A = \begin{pmatrix} a & b & c \\ b & 1 & 0 \\ c & 0 & 1 \end{pmatrix}$ について，$a > -1$，かつ，$|A| > 0$ ならば，A の固有値はすべて正であることを示せ．　（金沢大学）

48　行列 $A = \begin{pmatrix} -13 & 12 & 6 \\ -12 & 11 & 6 \\ -6 & 6 & 2 \end{pmatrix}$ について，次の問いに答えよ．　（東京工業大学）

(1)　$P^{-1}AP$ が対角行列になるような正則行列 P を見つけよ．

(2)　実の直交行列 P で $P^{-1}AP$ が対角行列になるものがあるか．あるときは P を求め，ないときは，その理由を示せ．

49　行列 $A = \begin{pmatrix} 8 & 4 & -14 \\ -1 & 1 & 2 \\ 3 & 2 & -5 \end{pmatrix}$ について次の問いに答えよ．　（類題　京都大学）

(1)　A の固有多項式を $f(x)$ とする．$f(x)$ を求めよ．

(2)　x の多項式 $g(x)$ の変数 x を行列 A で置き換えた式を $g(A)$ とする．例えば，$g(x) = 2x^2 + 3x - 7$ ならば $g(A) = 2A^2 + 3A - 7E$ とする．(1) で求めた A の固有多項式 $f(x)$ について $f(A)$ を計算せよ．

(3)　n を自然数とする．x^n を $f(x)$ で割った商を $Q(x)$，余りを ax^2+bx+c とおくとき，実数 a, b, c を求めよ．

(4)　n を自然数とする．A^n を求めよ．

問題解答

第1章

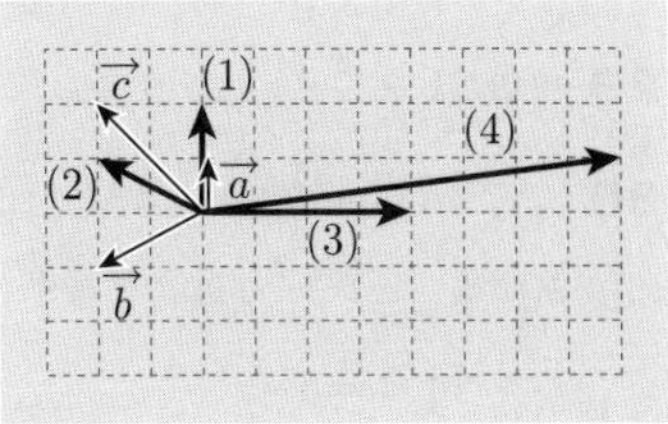

1.1節　**1**　図参照　**2**　(1)　$\overrightarrow{a}+\overrightarrow{b}$

(2)　$-\overrightarrow{a}+\overrightarrow{b}$　(3)　$\frac{3}{4}\overrightarrow{b}$　(4)　$\overrightarrow{a}+\frac{3}{4}\overrightarrow{b}$

(5)　$\overrightarrow{a}-\frac{1}{4}\overrightarrow{b}$　(6)　$-\overrightarrow{a}-\frac{1}{4}\overrightarrow{b}$　(7)　$\frac{1}{2}\overrightarrow{a}$

(8)　$-\frac{1}{4}\overrightarrow{b}$　**3**　(1)　$2\overrightarrow{a}-7\overrightarrow{b}$

(2)　$\frac{2}{3}\overrightarrow{a}-\frac{4}{5}\overrightarrow{b}$　**4**　(1)　$\overrightarrow{x}=3\overrightarrow{a}+6\overrightarrow{b}$　(2)　$\overrightarrow{x}=-\frac{1}{12}\overrightarrow{a}+\frac{5}{12}\overrightarrow{b}$

(3)　$\begin{cases}\overrightarrow{x}=-2\overrightarrow{a}-\frac{3}{2}\overrightarrow{b}\\ \overrightarrow{y}=4\overrightarrow{a}+\frac{5}{2}\overrightarrow{b}\end{cases}$　(4)　$\begin{cases}\overrightarrow{x}=\frac{7}{4}\overrightarrow{a}-\frac{3}{4}\overrightarrow{b}\\ \overrightarrow{y}=-\frac{9}{4}\overrightarrow{a}+\frac{1}{4}\overrightarrow{b}\end{cases}$

5　成分表示, 大きさの順に示す. (1)　$(3,2)$, $\sqrt{13}$　(2)　$(8,5)$, $\sqrt{89}$　(3)　$(5,8)$, $\sqrt{89}$

6　$x=7$, $y=-2$

7　(1)　$\overrightarrow{x}=\overrightarrow{a}-\overrightarrow{b}$　(2)　$\overrightarrow{y}=8\overrightarrow{a}+7\overrightarrow{b}$

8　成分表示，大きさの順に示す．(1)　$(-5,-1)$, $\sqrt{26}$　(2)　$(12,-10)$, $2\sqrt{61}$

(3)　$(-1,6)$, $\sqrt{37}$　(4)　$(-5,-1)$, $\sqrt{26}$

9　(1)　$\left(\frac{1}{\sqrt{2}},-\frac{1}{\sqrt{2}}\right)$　(2)　$\left(\frac{5}{\sqrt{2}},-\frac{5}{\sqrt{2}}\right)$　(3)　$\left(-\frac{9}{\sqrt{10}},-\frac{3}{\sqrt{10}}\right)$

10　(1)　3　(2)　-6　(3)　$6\sqrt{6}$　(4)　-20

11　(1)　-2　(2)　2　(3)　2　(4)　-6　(5)　0　(6)　-3

12　(1)　2　(2)　5　(3)　-5　(4)　13

13　(1)　$\frac{\pi}{4}$　(2)　$\frac{2}{3}\pi$　(3)　$\frac{\pi}{6}$　(4)　$\frac{3}{4}\pi$

14　(1)　9　(2)　7　(3)　$\sqrt{7}$　(4)　6　**15**　5

16　(1)　-2　(2)　$\frac{2}{3}\pi$　**17**　D$(6,6)$

18　(1)　$t=\frac{1}{5}$ のとき最小値 $\frac{3\sqrt{5}}{5}$　(2)　$t=-1$ のとき最大値 3，$t=\frac{1}{5}$ のとき最小値 $\frac{3\sqrt{5}}{5}$　**19**　$\frac{29}{2}$　**20**　$x=-1,4$　**21**　(1)　$\sin\theta=\frac{8}{\sqrt{65}}$　(2)　8

1.2節　**22**　(1)　$x=-8$　(2)　$x=4,5$　(3)　$x=2$　**23**　$x=6$

24　$x=\frac{1}{2}$（ヒント：3 点 A, B, C が一直線上 $\Longleftrightarrow$ $\overrightarrow{\mathrm{AB}} /\!/ \overrightarrow{\mathrm{AC}}$）

25 (1) $k=4$ (2) $k=9$ (3) $k=-2$ **26** (1) $k=\frac{4}{3}$ (2) $k=-3$ (3) $k=\pm\sqrt{3}$ **27** (1) $\vec{p}=\frac{1}{4}\vec{a}+\frac{3}{4}\vec{b}$ (2) $\vec{q}=3\vec{a}-2\vec{b}$

28 (1) $\overrightarrow{\mathrm{OD}}=\frac{2}{9}\vec{a}+\frac{1}{3}\vec{b}$ (2) $\overrightarrow{\mathrm{AD}}=-\frac{3}{4}\vec{a}+\frac{1}{2}\vec{b}$

29 (1) $k=\frac{2}{5}$ (2) $\overrightarrow{\mathrm{PS}}=\frac{3}{2}\vec{a}+\vec{b}$, $\overrightarrow{\mathrm{QD}}=\frac{5}{2}\vec{a}+\frac{2}{5}\vec{b}$

30 (1) $\overrightarrow{\mathrm{AM}}=\frac{1}{2}\overrightarrow{\mathrm{AB}}+\frac{1}{2}\overrightarrow{\mathrm{AC}}$, $\overrightarrow{\mathrm{BM}}=-\frac{1}{2}\overrightarrow{\mathrm{AB}}+\frac{1}{2}\overrightarrow{\mathrm{AC}}$
(2) 証明略 ヒント：(1) の結果を右辺に代入して整理すればよい.

31 (1) $\begin{cases} x=3-t \\ y=-5+2t \end{cases}$ (2) $\begin{cases} x=2+3t \\ y=-1-t \end{cases}$ (3) $\begin{cases} x=\frac{3}{2}+2t \\ y=2+5t \end{cases}$

32 (1) $a=3$ (2) $y=-3x$ **33** $|\vec{p}|=|\vec{a}|$ より円を表す．中心 $\mathrm{O}(\vec{0})$，半径 $|\vec{a}|$ **34** (1) $x=5, y=3$ (2) $x=2, y=1$ **35** (1) AP : PM = 9 : 1 (2) BP : PN = 7 : 3 **36** (1) AB を 1 : 3 に内分する点 (2) AB を 1 : 5 に外分する点 (3) AB を 2 : 5 に外分する点 (4) AB を 5 : 6 に外分する点

37 (1) 与式は $|\vec{p}|^2=4|\vec{a}|^2$ より円を表す．中心 $\mathrm{O}(\vec{0})$，半径 $2|\vec{a}|$
(2) 与式は $\left|\vec{p}-\frac{3}{2}\vec{a}\right|^2=\frac{5}{4}|\vec{a}|^2$ より円を表す．中心 $\mathrm{C}\left(\frac{3}{2}\vec{a}\right)$，半径 $\frac{\sqrt{5}}{2}|\vec{a}|$
(3) 与式は $\left|\vec{p}-\frac{3}{2}\vec{a}\right|^2=|\vec{b}|^2$ より円を表す．中心 $\mathrm{C}\left(\frac{3}{2}\vec{a}\right)$，半径 $|\vec{b}|$

38 証明略 ヒント：$\vec{x}=3\vec{a}+2\vec{b}$, $\vec{y}=2\vec{a}+\frac{4}{3}\vec{b}$ より $\vec{y}=\frac{2}{3}\vec{x}$ となる．これより，$\vec{y}\,/\!/\,\vec{x}$ が示せる.

39 (1) $\overrightarrow{\mathrm{OP}}=\frac{2}{3}\vec{b}+\frac{1}{3}\vec{c}$, $\overrightarrow{\mathrm{OQ}}=\frac{3}{5}\vec{a}+\frac{2}{5}\vec{c}$, $\overrightarrow{\mathrm{OR}}=\frac{1}{3}\vec{a}+\frac{4}{9}\vec{b}+\frac{2}{9}\vec{c}$
(2) 証明略 ヒント：(1) の結果，$\overrightarrow{\mathrm{BR}}=\frac{1}{3}\vec{a}-\frac{5}{9}\vec{b}+\frac{2}{9}\vec{c}$ であり，$\overrightarrow{\mathrm{BQ}}=\frac{9}{5}\overrightarrow{\mathrm{BR}}$ が示せる．これより B, R, Q は一直線上にある.

40 (1) $\overrightarrow{\mathrm{OC}}=(1-s)\vec{a}+s\vec{b}$ (2) $s=\frac{2}{3}$ **41** $3x+y-5=0,\ x-3y+5=0$

1.3節 **42** (1) $(3,-2,-1)$ (2) $(3,2,1)$ (3) $(3,2,-1)$ (4) $(-3,2,-1)$
43 (1) $\sqrt{14}$ (2) $3\sqrt{2}$ (3) $3|p+1|$ (4) $\sqrt{3}$
44 $\angle\mathrm{ACB}=\frac{\pi}{2}$ の直角三角形
45 (1) $\overrightarrow{\mathrm{AN}}=\vec{a}+\frac{1}{3}\vec{b}$ (2) $\overrightarrow{\mathrm{DM}}=\vec{a}+\vec{b}-\frac{1}{2}\vec{c}$ (3) $\overrightarrow{\mathrm{MN}}=-\frac{2}{3}\vec{b}-\frac{1}{2}\vec{c}$
46 成分表示，大きさの順に示す．(1) $(0,4,-2)$, $2\sqrt{5}$ (2) $(-4,2,-3)$, $\sqrt{29}$ (3) $\left(\frac{1}{\sqrt{2}},\frac{1}{\sqrt{2}},0\right)$, 1 **47** 成分表示，大きさの順に示す．(1) $(4,-4,2)$, 6

(2) $(8, 0, -6)$, 10 (3) $\left(-\frac{4}{5}, 0, \frac{3}{5}\right)$, 1 **48** $D(3, 2, 0)$

49 $x = -2$, $y = -1$ **50** (1) 0 (2) -9 (3) 4 (4) -4 (5) 16 (6) -16 **51** 内積，なす角の順に示す．(1) -3, $\frac{2}{3}\pi$ (2) 6, $\frac{\pi}{4}$ (3) 3, $\frac{\pi}{3}$

52 $\angle BAC = \frac{\pi}{3}$ **53** $k = -\frac{1}{2}$

54 (1) $\overrightarrow{c} = \pm\frac{1}{\sqrt{14}}(3, 1, 2)$ (2) $\pm\frac{5}{\sqrt{14}}(3, 1, 2)$ **55** $\left(\frac{1}{3}, 0, 0\right)$

56 (1) $x = -1$ (2) $x = 3$ **57** $\overrightarrow{p} = \overrightarrow{e}_1 + \overrightarrow{e}_2 + \overrightarrow{e}_3$

58 証明略 ヒント：$\overrightarrow{AB} \cdot \overrightarrow{CD} = \overrightarrow{AB} \cdot (\overrightarrow{AD} - \overrightarrow{AC}) = 0$ を示せばよい．

1.4節 **59** (1) $\left(-\frac{2}{3}, \frac{7}{3}, \frac{7}{3}\right)$ (2) $\left(-\frac{1}{2}, 2, \frac{5}{2}\right)$ (3) $\left(\frac{1}{2}, 0, \frac{7}{2}\right)$

60 証明略 ヒント：AG の中点を M，BH の中点を N とおき，$\overrightarrow{AM} = \overrightarrow{AN}$ を示せばよい．

61 (1) $(x-5)^2 + (y+1)^2 + (z-2)^2 = 3$

(2) $(x+2)^2 + (y-1)^2 + (z+3)^2 = 14$

(3) $(x-2)^2 + (y+2)^2 + (z+1)^2 = 1$ **62** 中心，半径の順に示す．

(1) $(-3, 4, 1)$, $\sqrt{17}$ (2) $(1, -2, -1)$, 3 (3) $\left(\frac{1}{2}, -\frac{3}{2}, 1\right)$, $\frac{\sqrt{10}}{2}$

63 (1) $a = 4$, $b = -4$, $c = 2$, $d = 5$

(2) $\left(x - \frac{a}{2}\right)^2 + \left(y - \frac{b}{2}\right)^2 + \left(z - \frac{c}{2}\right)^2 = \frac{a^2 + b^2 + c^2}{4}$ (3) $\sqrt{15}$

64 (1) $\frac{x-2}{4} = \frac{y+1}{5} = \frac{z-3}{-2}$ (2) $x - 1 = \frac{y+2}{5} = \frac{z+3}{7}$

(3) $\frac{x+1}{2} = \frac{y-2}{-2} = \frac{z}{3}$ **65** $(5, -4, 13)$

66 (1) $\frac{\pi}{4}$ (2) $\frac{\pi}{3}$ **67** (1) $a = 5$ (2) $a = 1$ (3) $a = 3$, $b = 2$

68 (1) $x = 1$, $y = -1 - t$, $z = 3 + t$；$x = 1$, $\frac{y+1}{-1} = z - 3$

(2) $x = 2 + 2t$, $y = 3$, $z = -1 + 3t$；$y = 3$, $\frac{x-2}{2} = \frac{z+1}{3}$

69 (1) $x = 1, y = -3, z = t$ (2) $x = -2, y = t, z = 5$

70 (1) $2x + 5y - 4z + 7 = 0$ (2) $2x - 3y - z - 7 = 0$ (3) $4x - 3y + z + 10 = 0$

71 $\frac{x+3}{2} = \frac{y-4}{-3} = \frac{z-1}{-2}$ **72** $x - y - 5z + 14 = 0$ **73** $b = \frac{12}{a}$, $c = 2a$

74 (1) $\frac{\pi}{3}$ (2) $k = 4$ **75** $(1, 2, 6)$ **76** (1) 3 (2) $\frac{\sqrt{2}}{2}$

77 $x = 1$, $y = 2$, $z = 3$ **78** 証明略 ヒント：$\overrightarrow{AR} = 3\overrightarrow{AG}$ より，3 点 A, G, R は同一直線上にある． **79** $(3, 3, -3)$, $(1, 2, -2)$

80 (1) $(3, 2, 1)$ (2) $x - 2y - 4z + 5 = 0$ **81** $x = 3$, $y = t + 1$, $z = t$

82 $x+y-z+1=0$ **83** (1) $x-2=\dfrac{y-1}{2}=z+1$

(2) 中心 $(1,-1,-2)$，半径 $\sqrt{3}$ **84** $3\sqrt{3}$ **85** $\mathrm{B}\left(\dfrac{25}{7},\dfrac{8}{7},\dfrac{5}{7}\right)$

86 (1) 証明略 ヒント：$\overrightarrow{a}$ と $\overrightarrow{v}$ のなす角を θ とすると $\dfrac{\overrightarrow{v}}{|\overrightarrow{v}|}$ は単位ベクトルなので

$\overrightarrow{b}=|\overrightarrow{a}|\cos\theta\dfrac{\overrightarrow{v}}{|\overrightarrow{v}|}=\left(\dfrac{|\overrightarrow{a}||\overrightarrow{v}|\cos\theta}{|\overrightarrow{v}|}\right)\dfrac{\overrightarrow{v}}{|\overrightarrow{v}|}=\left(\dfrac{\overrightarrow{a}\cdot\overrightarrow{v}}{|\overrightarrow{v}|}\right)\dfrac{\overrightarrow{v}}{|\overrightarrow{v}|}=\dfrac{\overrightarrow{a}\cdot\overrightarrow{v}}{|\overrightarrow{v}|^2}\overrightarrow{v}$ となる．

(2) $\left(\dfrac{1}{2},1,-\dfrac{3}{2}\right)$ **87** (1) 証明略 ヒント：原点 O を通り，方向ベクトルが $\overrightarrow{n}$ の直線の方程式を l とする．ここで，前問**86** (1) より，直線 l への正射影 $\overrightarrow{c}$ は $\overrightarrow{c}=\dfrac{\overrightarrow{a}\cdot\overrightarrow{n}}{|\overrightarrow{n}|^2}\overrightarrow{n}$ である．このとき，$\overrightarrow{b}=\overrightarrow{a}-\overrightarrow{c}$ であることよりしたがう． (2) $\left(\dfrac{10}{9},-\dfrac{7}{9},-\dfrac{2}{9}\right)$

第2章

2.1節 **1** (1) 3×4 型 (2) -2 (3) -0.5 (4) $(3,2)$ 成分

2 (1) $a=4,\ b=3$ (2) $a=2,\ b=1,\ c=-3$ (3) $a=-2,\ b=-5,\ c=7,\ d=11$ **3** (1) $\begin{pmatrix}-1 & 1\\ -2 & 10\end{pmatrix}$ (2) $\begin{pmatrix}1 & 2\\ -4 & -5\end{pmatrix}$ (3) $\begin{pmatrix}-2 & 22\\ 4 & -15\\ -21 & 7\end{pmatrix}$

4 (1) $X=\begin{pmatrix}4 & \frac{1}{2}\\ -3 & 0\end{pmatrix}$ (2) $X=\begin{pmatrix}-21 & -5\\ 14 & -1\end{pmatrix}$ (3) $X=\dfrac{1}{2}\begin{pmatrix}7 & -11\\ -14 & -5\end{pmatrix}$

5 (1) $X=\begin{pmatrix}3 & 5 & 1\\ 0 & 7 & 3\\ -2 & 0 & 9\end{pmatrix},\ Y=\begin{pmatrix}-1 & -3 & 1\\ 0 & -5 & -1\\ 2 & 0 & -7\end{pmatrix}$ (2) $X=\begin{pmatrix}-1 & 0 & -2\\ 0 & 1 & -1\\ -1 & 0 & 2\end{pmatrix},$ $Y=\begin{pmatrix}-5 & -5 & -5\\ 0 & -5 & -5\\ 0 & 0 & -5\end{pmatrix}$ **6** (1) $\begin{pmatrix}28\\ -4\end{pmatrix}$ (2) $\begin{pmatrix}14 & -13\\ -2 & 15\end{pmatrix}$ (3) $\begin{pmatrix}7 & 29\end{pmatrix}$

(4) $\begin{pmatrix}7\end{pmatrix}$ (5) $\begin{pmatrix}-17 & 5 & -5\\ 35 & 10 & 20\end{pmatrix}$ (6) $\begin{pmatrix}7 & 12\\ 8 & 15\end{pmatrix}$ (7) $\begin{pmatrix}-11\\ 16\\ 7\end{pmatrix}$

(8) $\begin{pmatrix}5 & 3 & -5\end{pmatrix}$ (9) $\begin{pmatrix}11 & 22\\ 23 & -5\end{pmatrix}$ (10) $\begin{pmatrix}5 & -26 & 10\\ 5 & 6 & 20\\ 4 & 16 & 27\end{pmatrix}$

7 (1) $\begin{pmatrix}2 & 3\\ -3 & -2\end{pmatrix}$ (2) 定義されない． (3) $\begin{pmatrix}2\\ 2\end{pmatrix}$ (4) $\begin{pmatrix}5\\ 2\\ 13\end{pmatrix}$

(5) $\begin{pmatrix}1 & 4\end{pmatrix}$　(6) 定義されない.　(7) $\begin{pmatrix}17\\3\end{pmatrix}$　(8) $\begin{pmatrix}-3 & 4\end{pmatrix}$

(9) $\begin{pmatrix}-11 & -30\\50 & 129\end{pmatrix}$　**8** $X=\begin{pmatrix}a & b\\b & a+\frac{2}{3}b\end{pmatrix}$ (a, b は任意)

9 証明略　ヒント：A と E は可換で $AE=EA=A$

10 証明略　ヒント：A と B が可換 $\Longleftrightarrow AB=BA$　**11** (1) ${}^tA=\begin{pmatrix}-2 & 1 & 3\\5 & 0 & -4\end{pmatrix}$

(2) ${}^tB=\begin{pmatrix}0.3\\7\\-1\end{pmatrix}$　(3) ${}^tC=\begin{pmatrix}8 & 3\\2 & -1\end{pmatrix}$　**12** (1) $\begin{pmatrix}2 & -1\\-1 & 2\end{pmatrix}$　(2) $\begin{pmatrix}-1 & -2\\3 & 1\end{pmatrix}$

(3) $\begin{pmatrix}2 & -3\\3 & -2\end{pmatrix}$　(4) $\begin{pmatrix}-1 & 2\end{pmatrix}$　**13** (1) $A+{}^tA=\begin{pmatrix}6 & 2\\2 & 8\end{pmatrix}$,

$A-{}^tA=\begin{pmatrix}0 & -12\\12 & 0\end{pmatrix}$　(2) $A=\begin{pmatrix}3 & 1\\1 & 4\end{pmatrix}+\begin{pmatrix}0 & -6\\6 & 0\end{pmatrix}$

(3) $B+{}^tB=\begin{pmatrix}4 & 4\\4 & -8\end{pmatrix}$, $B-{}^tB=\begin{pmatrix}0 & -2\\2 & 0\end{pmatrix}$　(4) $B=\begin{pmatrix}2 & 2\\2 & -4\end{pmatrix}+\begin{pmatrix}0 & -1\\1 & 0\end{pmatrix}$

14 $A=\begin{pmatrix}2 & 1 & 0\\1 & 2 & 1\\0 & 1 & 2\end{pmatrix}+\begin{pmatrix}0 & 1 & 0\\-1 & 0 & 1\\0 & -1 & 0\end{pmatrix}$, $B=\begin{pmatrix}3 & 5 & 9\\5 & 5 & 3\\9 & 3 & 7\end{pmatrix}+\begin{pmatrix}0 & 1 & 1\\-1 & 0 & -1\\-1 & 1 & 0\end{pmatrix}$

15 (1) $\begin{pmatrix}7 & 0\\0 & 7\\9 & 0\\16 & 25\end{pmatrix}$　(2) $\begin{pmatrix}25 & 7 & 4\\-4 & -1 & -2\\8 & -10 & 0\end{pmatrix}$　**16** (1) $\begin{pmatrix}1 & -1 & 1\\-1 & 1 & -1\\1 & -1 & 1\end{pmatrix}$

(2) $\begin{pmatrix}2 & 3 & 4\\3 & 4 & 5\\4 & 5 & 6\end{pmatrix}$　(3) $\begin{pmatrix}2 & 1 & 0\\\frac{5}{4} & 1 & \frac{3}{4}\\\frac{8}{9} & \frac{7}{9} & \frac{2}{3}\end{pmatrix}$　(4) $\begin{pmatrix}1 & 2 & 3\\2 & 4 & 6\\3 & 6 & 9\end{pmatrix}$

17 (1) $4(AB+BA)$　(2) $12A$　(3) $6A^2+2E$

18 (1) $a=-2$, $b=-4$　(2) $a=-6$, $b=-\frac{4}{3}$

19 (1) $A=\begin{pmatrix}a & 1\\-a^2 & -a\end{pmatrix}$　(2) $A=\begin{pmatrix}0 & 0\\c & 0\end{pmatrix}$　**20** $A=\begin{pmatrix}0 & 0\\0 & 0\end{pmatrix}$

21 (1) $\begin{pmatrix}a & b\\-b & a+b\end{pmatrix}$ (a, b は任意)　(2) $\begin{pmatrix}a & 0\\b & a\end{pmatrix}$ (a, b は任意)　(3) $\begin{pmatrix}a & b\\b & a\end{pmatrix}$

$(a,\, b$ は任意$)$ **22** (1) $\begin{pmatrix} x & y & z \\ 0 & x & y \\ 0 & 0 & x \end{pmatrix}$ $(x,\, y,\, z$ は任意$)$ (2) $\begin{pmatrix} x & y & z \\ 0 & x & y \\ 0 & 0 & x \end{pmatrix}$ $(x,\, y,\, z$ は任意$)$ **23** 証明略 **ヒント**：加法定理 $\sin(\alpha+\beta) = \sin\alpha\cos\beta + \cos\alpha\sin\beta$, $\cos(\alpha+\beta) = \cos\alpha\cos\beta - \sin\alpha\sin\beta$ を用いる．

24 (1) $A^4 = \begin{pmatrix} 9 & -16 \\ 4 & -7 \end{pmatrix}$ (2) $B^n = \begin{pmatrix} 2^n & 3^n - 2^n \\ 0 & 3^n \end{pmatrix}$

25 証明略 **ヒント**：ハミルトン–ケーリーの定理より，$A^2 = E$ が成り立つ．数学的帰納法を用いる．

26 (1) $A^3 = \begin{pmatrix} 10 & 9 \\ -9 & -8 \end{pmatrix}$ (2) 証明略 **ヒント**：ハミルトン–ケーリーの定理より，$A^2 - 2A + E = O$ が成り立つ．数学的帰納法を用いる．

27 $A^n = \begin{pmatrix} a^n & 5na^{n-1} \\ 0 & a^n \end{pmatrix}$

28 証明略 **ヒント**：$p = 0 \Longrightarrow qE = O$ だから $q = 0$. $p \neq 0 \Longrightarrow A = -\dfrac{q}{p}E$

29 $(a+d,\, ad-bc) = (3, -10), (-4, 4), (10, 25)$

30 $A = \begin{pmatrix} 3 & -1 \\ 4 & -2 \end{pmatrix}, \begin{pmatrix} 3 & 4 \\ -1 & -2 \end{pmatrix}$

31 (1) $x = 3,\, y = 0$ (2) $S = \dfrac{1}{2}\begin{pmatrix} 3^n + 1 & 2(3^n - 1) \\ 3^n - 1 & 2 \cdot 3^n \end{pmatrix}$

2.2節 **32** (1) 正則. $\begin{pmatrix} 5 & -1 \\ 3 & 2 \end{pmatrix}^{-1} = \dfrac{1}{13}\begin{pmatrix} 2 & 1 \\ -3 & 5 \end{pmatrix}$

(2) 正則. $\begin{pmatrix} \cos\theta & -\sin\theta \\ \sin\theta & \cos\theta \end{pmatrix}^{-1} = \begin{pmatrix} \cos\theta & \sin\theta \\ -\sin\theta & \cos\theta \end{pmatrix}$ (3) 正則でない. (4) 正則. $\begin{pmatrix} 0 & 3 \\ 2 & 0 \end{pmatrix}^{-1} = \dfrac{1}{6}\begin{pmatrix} 0 & 3 \\ 2 & 0 \end{pmatrix}$ (5) 正則. $\begin{pmatrix} 1 & 3 \\ 2 & 3 \end{pmatrix}^{-1} = -\dfrac{1}{3}\begin{pmatrix} 3 & -3 \\ -2 & 1 \end{pmatrix}$

33 (ア) 8 (イ) 1 **34** (1) $X = \dfrac{1}{7}\begin{pmatrix} 5 & -9 \\ 5 & 5 \end{pmatrix}$ (2) $X = \dfrac{1}{7}\begin{pmatrix} 4 & -23 \\ 2 & 6 \end{pmatrix}$

(3) $X = \dfrac{1}{7}\begin{pmatrix} -11 \\ 3 \end{pmatrix}$ (4) $X = \dfrac{1}{7}\begin{pmatrix} -1 & 18 \end{pmatrix}$ **35** (1) $\begin{pmatrix} 12 & 7 \\ -7 & -4 \end{pmatrix}$ (2) $\begin{pmatrix} 3 & 1 \\ 2 & 1 \end{pmatrix}$

(3) $\begin{pmatrix} 12 & -7 \\ 7 & -4 \end{pmatrix}$ **36** (1) $\begin{pmatrix} x \\ y \end{pmatrix} = \dfrac{1}{5}\begin{pmatrix} 1 \\ 17 \end{pmatrix}$ (2) 解なし

(3) $\begin{pmatrix} x \\ y \end{pmatrix} = \begin{pmatrix} 6t + \dfrac{1}{2} \\ t \end{pmatrix}$ $(t$ は任意の実数$)$ (4) $\begin{pmatrix} x \\ y \end{pmatrix} = \dfrac{1}{9}\begin{pmatrix} 15 \\ 7 \end{pmatrix}$

37 (1) $k=6$ (2) $k=-4$ (3) $k=-3,\,4$ (4) $k=2$

38 証明略 ヒント：行列式 $|A|=k^2-k+1=\left(k-\frac{1}{2}\right)^2+\frac{3}{4}>0$

39 (1) $k\neq 0,\,k\neq 1$ のとき，$\begin{pmatrix} k & 0 \\ 0 & k-1 \end{pmatrix}^{-1}=\begin{pmatrix} \frac{1}{k} & 0 \\ 0 & \frac{1}{k-1} \end{pmatrix}$

(2) $k\neq -2,\,k\neq 4$ のとき，$\begin{pmatrix} k+1 & 1 \\ 5 & k-3 \end{pmatrix}^{-1}=\frac{1}{(k+2)(k-4)}\begin{pmatrix} k-3 & -1 \\ -5 & k+1 \end{pmatrix}$

40 (1) $\frac{1}{7}\begin{pmatrix} 25 & 9 \\ 2 & 1 \end{pmatrix}$ (2) $\frac{1}{7}\begin{pmatrix} 152 & 59 \\ 13 & 5 \end{pmatrix}$ (3) $\frac{1}{7}\begin{pmatrix} 59 & 4 \\ -102 & 18 \end{pmatrix}$

(4) $\begin{pmatrix} -34 & 23 \\ -79 & 52 \end{pmatrix}$ **41** (i) $k\neq -1,\,k\neq 4$ のとき，$\begin{pmatrix} x \\ y \end{pmatrix}=\frac{1}{k+1}\begin{pmatrix} -1 \\ k \end{pmatrix}$

(ii) $k=4$ のとき，$\begin{pmatrix} x \\ y \end{pmatrix}=\begin{pmatrix} t \\ \frac{1-3t}{2} \end{pmatrix}$ （t は任意の実数）

(iii) $k=-1$ のとき，解なし

42 (1) $a^2\neq 4$ (2) 4 **43** (1) $P^{-1}AP=\begin{pmatrix} 2 & 0 \\ 0 & 5 \end{pmatrix}$

(2) $A^n=\frac{1}{3}\begin{pmatrix} 2\cdot 2^n+5^n & 5^n-2^n \\ 2(5^n-2^n) & 2^n+2\cdot 5^n \end{pmatrix}$

（ヒント：$(P^{-1}AP)^n=(P^{-1}AP)(P^{-1}AP)\cdots(P^{-1}AP)=P^{-1}A^nP$ を使おう.）

2.3節 **44** (1) $\operatorname{rank}A=2$ (2) $\operatorname{rank}B=2$ (3) $\operatorname{rank}C=3$

(4) $\operatorname{rank}D=2$ (5) $\operatorname{rank}F=1$ **45** (1) $x=-1,\,y=2,\,z=5$

(2) $\begin{cases} x=t \\ y=3t-1 \\ z=-2t+2 \end{cases}$ （t は任意の実数） (3) 解なし (4) $\begin{cases} x=3s-4t-1 \\ y=s \\ z=t \end{cases}$

（$s,\,t$ は任意の実数） **46** (1) $\begin{cases} x=\frac{11}{5}t \\ y=\frac{7}{5}t \\ z=t \end{cases}$ （t は任意の実数） (2) $\begin{cases} x=3t \\ y=-2t \\ z=t \\ w=t \end{cases}$

（t は任意の実数） **47** (1) $\begin{pmatrix} 1 & 0 & 0 \\ -3 & \frac{1}{2} & 0 \\ -\frac{10}{3} & \frac{1}{6} & \frac{1}{3} \end{pmatrix}$ (2) $\frac{1}{5}\begin{pmatrix} 3 & -6 & 1 \\ -3 & 11 & -6 \\ 1 & -2 & 2 \end{pmatrix}$

(3) $\begin{pmatrix} -25 & -1 & 7 \\ 22 & 1 & -6 \\ -4 & 0 & 1 \end{pmatrix}$ (4) $\begin{pmatrix} 4 & -1 & -4 \\ 4 & -1 & -3 \\ 3 & -1 & -3 \end{pmatrix}$

48 (1) $\mathrm{rank}\, A = 2 \neq 3$ より正則でない. (2) $\mathrm{rank}\, B = 3$ より正則.

49 (1) 1 次従属 $\begin{pmatrix} 1 \\ -2 \end{pmatrix} = -\dfrac{1}{2}\begin{pmatrix} -2 \\ 4 \end{pmatrix}$ (2) 1 次独立

(3) 1 次従属 $\begin{pmatrix} -1 \\ 2 \\ 3 \end{pmatrix} = -\dfrac{1}{2}\begin{pmatrix} 2 \\ 3 \\ -4 \end{pmatrix} + \dfrac{1}{2}\begin{pmatrix} 0 \\ 7 \\ 2 \end{pmatrix}$ (4) 1 次独立

50 (1) $a = 1$ のとき階数は 1, $a = -\dfrac{1}{2}$ のとき階数は 2, $a \neq 1, a \neq -\dfrac{1}{2}$ のとき階数は 3
(2) $a = 2$ のとき階数は 1, $a = 0$ のとき階数は 2, $a \neq 0, a \neq 2$ のとき階数は 3
(3) 階数は 4 (4) 階数は 3 **51** 係数行列の階数, 拡大係数行列の階数, 解の順に示す. (1) 1, 1, $\begin{cases} x = s \\ y = t \\ z = -2s + 3t + 1 \end{cases}$ (s, t は任意の実数) (2) 2, 2, $\begin{cases} x = s \\ y = -2s + 1 \\ z = 1 \end{cases}$

(s は任意の実数) (3) 2, 3, 解なし. (4) 2, 2, $\begin{cases} x = 5s - 4 \\ y = s \\ z = 7s - 6 \end{cases}$ (s は任意の実数)

(5) 2, 3, 解なし. (6) 3, 3, $\begin{cases} x = \dfrac{1}{5}(3s + 5) \\ y = \dfrac{1}{5}(-2s + 5) \\ z = \dfrac{2}{5}s \\ w = s \end{cases}$ (s は任意の実数)

52 $k = 1$, $\begin{cases} x = -2s - \dfrac{1}{5} \\ y = 2s + \dfrac{3}{5} \\ z = s \end{cases}$ (s は任意の実数)

53 (1) $\begin{pmatrix} 1 & 0 & 0 & 0 \\ 0 & \frac{1}{2} & 0 & 0 \\ 0 & 0 & \frac{1}{3} & 0 \\ 0 & 0 & 0 & -1 \end{pmatrix}$ (2) $\begin{pmatrix} 0 & 1 & -1 & 1 \\ 0 & 1 & 0 & 0 \\ 1 & -8 & 1 & 1 \\ 0 & 2 & 0 & -1 \end{pmatrix}$ (3) $\dfrac{1}{3}\begin{pmatrix} 19 & 1 & -6 & 1 \\ -14 & 1 & 3 & -2 \\ -21 & 0 & 6 & -3 \\ -9 & 0 & 3 & 0 \end{pmatrix}$

54 (1) $5a + 3b + 1 = 0$

(2) $5a + 3b + 1 \neq 0$ のとき $\begin{pmatrix} x \\ y \\ z \end{pmatrix} = \dfrac{1}{5a + 3b + 1}\begin{pmatrix} 3b + 6 \\ 5a - 3b + 4 \\ 15 \end{pmatrix}$

第3章

3.1 節　**1**　(1)　11　(2)　7　(3)　11　(4)　77　**2**　(1)　$x = -2,\ 5$
(2)　$x = -2,\ 4$　(3)　$x = a+b,\ a-b$　**3**　8　**4**　(1)　12　(2)　-1　(3)　24
5　(1)　-10　(2)　0　(3)　0　(4)　0　**6**　(1)　$-k$　(2)　$5k$
7　(1)　6　(2)　6　**8**　(1)　-10　(2)　-40　**9**　(1)　12　(2)　12
10　$(x-1)(y-1)(y-x)$　**11**　(1)　$x = 1, 2$　(2)　$x = 3, 5$

12　(1)　$|A| = -1,\ \widetilde{A} = \begin{pmatrix} 1 & -1 & 1 \\ -4 & 2 & -3 \\ 2 & -1 & 1 \end{pmatrix},\ A^{-1} = \begin{pmatrix} -1 & 1 & -1 \\ 4 & -2 & 3 \\ -2 & 1 & -1 \end{pmatrix}$

(2)　$|A| = -2,\ \widetilde{A} = \begin{pmatrix} -2 & 1 & -2 \\ 2 & 0 & -2 \\ 0 & -1 & 2 \end{pmatrix},\ A^{-1} = \dfrac{1}{-2}\begin{pmatrix} -2 & 1 & -2 \\ 2 & 0 & -2 \\ 0 & -1 & 2 \end{pmatrix}$

13　(1)　$x = -1, y = 1$　(2)　$x = 1, y = -1, z = 1$　(3)　$x = 1, y = 2, z = 3$
14　(1)　$x = 1, y = -2, z = 3$　(2)　$x = 5, y = -8, z = -31$
(3)　$x = 3, y = 3, z = 1$　**15**　(1)　0　(2)　0
16　(1)　$x = 0,\ 1,\ 2$　(2)　$x = 1$（2 重解）, 2
17　証明略　ヒント：(1), (2) は行列式の線形性を用いる．
18　(1)　$(a+2b)(a-b)^2$　(2)　$(a-b)(b-c)(c-a)(a+b+c)$
(3)　$ab(a-b)(a-1)(b-1)$　(4)　$(a-b)(b-c)(c-a)$

19　$a \neq 0,\ a \neq \pm\sqrt{2}$ のとき，$A^{-1} = \dfrac{1}{a^3 - 2a}\begin{pmatrix} a^2-1 & -a & 1 \\ -a & a^2 & -a \\ 1 & -a & a^2-1 \end{pmatrix}$

20　$I_1 = \dfrac{(E_1 - E_3)R_2 + (E_1 - E_2)R_3}{R_1R_2 + R_2R_3 + R_3R_1},\ I_2 = \dfrac{(E_2 - E_3)R_1 + (E_2 - E_1)R_3}{R_1R_2 + R_2R_3 + R_3R_1},$

$I_3 = \dfrac{(E_3 - E_2)R_1 + (E_3 - E_1)R_2}{R_1R_2 + R_2R_3 + R_3R_1}$　**21**　$S_{▱} = 8,\ S_{\triangle} = 4$

22　$V_1 = 7, V_2 = \dfrac{V_1}{6} = \dfrac{7}{6},\ \overrightarrow{\mathrm{AB}} \times \overrightarrow{\mathrm{AC}} = (-1, -2, 2),\ S = |\overrightarrow{\mathrm{AB}} \times \overrightarrow{\mathrm{AC}}| = 3$

23　証明略　ヒント：(1)

$$\overrightarrow{v} = {}^t(a, b) \text{ と } \overrightarrow{w} = {}^t(c, d) \text{ が平行} \iff a : b = c : d \iff ad = bc$$

(2)　次が同値であることに注意して，(1) の結果を用いる．点 (x, y) が求める直線上にある
$\iff \overrightarrow{v} = {}^t\begin{pmatrix} a & b \end{pmatrix}$ と ${}^t\begin{pmatrix} x - x_0 & y - y_0 \end{pmatrix}$ が平行　(3)　(2) の結果を用いる．

24　証明略　ヒント：(1)　方程式の左辺の行列式を第 1 行で展開すると x, y, z の同次連立 1 次方程式であることがわかる．さらに，この同次連立 1 次方程式の x, y, z の係数を並べたベクトルは $\overrightarrow{\mathrm{OA}} \times \overrightarrow{\mathrm{OB}}$（求める平面の法線ベクトルの 1 つ）に一致することがわかる．
(2)　(1) の結果を用いる（(1) で求めた平面を (x_0, y_0, z_0) だけ平行移動すればよい）．
(3)　(2) の結果を用いる．

3.2 節 **25** (1) 1 (2) -1 (3) -1

26 (1) $(p_1, p_2, p_3, p_4) = (4, 3, 2, 1)$，行列式の値は 24

(2) $(q_1, q_2, q_3, q_4) = (2, 1, 3, 4)$，行列式の値は 36

27 (1) 1 (2) 6 (3) -4

28 (1) 6 (2) 6 (3) 12

29 (1) -20 (2) 15 (3) 56

3.3 節 **30** (1) 2 (2) -4 (3) 0 **31** (1) 1 (2) -9

(3) $(a-b)(b+c)$ **32** (1) 24 (2) 72 (3) $\dfrac{1}{3}$ (4) 384

33 (1) 1 次従属 (2) 1 次従属 (3) 1 次独立 (4) 1 次従属

34 (1) 正則 (2) 正則でない (3) 正則 (4) 正則でない (5) 正則でない

35 $a = 1, -2$ **36** $a = -1$

37 (1) -6 (2) -3 (3) -25

38 (1) $-a\,(a+2)\left(a^2-2a+2\right)$ (2) $(a+1)\,(a-1)\left(a^2+3\right)$

(3) $(t-1)^2\,(t+1)^2$ **39** $\overrightarrow{b} = -\overrightarrow{a_1} - 3\overrightarrow{a_2} + 2\overrightarrow{a_3}$

3.4 節 **40** (ア) $-$ (イ) $+$ (ウ) $+$ (エ) $-$ **41** (1) -2 (2) 10

42 (1) -100 (2) 26460 **43** (1) $-\dfrac{1}{2}$ (2) $\dfrac{2}{15}$ **44** (1) $x = 0$

(2) $x = \dfrac{1}{2}$ **45** $X = \begin{vmatrix} a & -b & c & -d \\ d & -b & c & -d \\ a & b & c & d \\ d & b & -c & a \end{vmatrix} = -2bc(a-d)^2$ **46** 3^{n-1}

第 4 章

4.1 節 **1** (1) x 軸に関する対称移動 (2) 点 P から x 軸に下ろした垂線と x 軸との交点を対応させる (3) 原点を中心とし，時計回りに $\dfrac{\pi}{2}$ だけ回転した点にうつす (4) 恒等変換 (5) 原点を中心として 2 倍に拡大した点にうつす (6) x 軸方向に 2 倍，y 軸方向に 3 倍にした点にうつす **2** (1) 線形変換でない (2) 線形変換. $\begin{pmatrix} 0 & 0 \\ 0 & 0 \end{pmatrix}$

(3) 線形変換でない (4) 線形変換でない (5) 線形変換. $\begin{pmatrix} 1 & -1 \\ 1 & 1 \end{pmatrix}$

(6) 線形変換でない **3** (1) $(2x+y, -x+2y), (3x-y, x+3y)$

(2) $(-2x-4y, 2x+4y), (-6x-2y, 6x+2y)$ (3) $(2x+y, 2x+3y), (3x-y, 5x+y)$

4 (1) それぞれ $(0,0), (18,-2), (-9,1), (4,-2), (1,3)$

(2) それぞれ $(0,0), (-2,2), (1,-1), (1,-1), (-3,3)$ (3) それぞれ $(0,0)$, $(4a_{11}+2a_{12}, 4a_{21}+2a_{22}), (-2a_{11}-a_{12}, -2a_{21}-a_{22}), (a_{11}, a_{21}), (a_{12}, a_{22})$

5　(1)　$\begin{pmatrix} 1 & 0 \\ 1 & 4 \end{pmatrix}$　(2)　$\begin{pmatrix} 3 & 1 \\ 2 & 2 \end{pmatrix}$

6　(1)　$\dfrac{1}{2}\begin{pmatrix} 1 & -\sqrt{3} \\ \sqrt{3} & 1 \end{pmatrix}$　(2)　$\begin{pmatrix} -1 & 0 \\ 0 & -1 \end{pmatrix}$　(3)　$\dfrac{1}{\sqrt{2}}\begin{pmatrix} -1 & -1 \\ 1 & -1 \end{pmatrix}$

7　(1)　$\dfrac{\pi}{6}$　(2)　$\dfrac{7}{4}\pi$　(3)　$\dfrac{3}{2}\pi$

8　(1)　$\left(-\dfrac{5}{2}, \dfrac{\sqrt{3}}{2}\right)$　(2)　$(-1, 0)$　(3)　$\left(-\sqrt{3}+1, -\sqrt{3}-1\right)$

9　$(3, 4)$, $(-4, 3)$, $(-3, -4)$

10　(1)　$\begin{pmatrix} 1 & 2 & -3 \\ -1 & -1 & -1 \\ 4 & 0 & 2 \end{pmatrix}$　(2)　$\begin{pmatrix} 0 & 1 & 1 \\ 1 & 0 & 1 \\ 1 & 1 & 0 \end{pmatrix}$　**11**　(1)　$\begin{pmatrix} -1 & 0 & 0 \\ 0 & 1 & 0 \\ 0 & 0 & 1 \end{pmatrix}$

(2)　$\begin{pmatrix} -1 & 0 & 0 \\ 0 & 1 & 0 \\ 0 & 0 & -1 \end{pmatrix}$　(3)　$\begin{pmatrix} 0 & 0 & 0 \\ 0 & 0 & 0 \\ 0 & 0 & 0 \end{pmatrix}$　(4)　$\begin{pmatrix} 1 & 0 & 0 \\ 0 & \cos\theta & -\sin\theta \\ 0 & \sin\theta & \cos\theta \end{pmatrix}$

12　(1)　$\begin{pmatrix} 1 & 4 & 1 \\ 0 & 3 & 2 \\ -3 & 0 & 5 \end{pmatrix}$　(2)　$\begin{pmatrix} 1 & 2 & 1 \\ 2 & 1 & 1 \\ 2 & 2 & 3 \end{pmatrix}$　(3)　$\begin{pmatrix} -1 & 1 & 1 \\ 1 & 0 & 1 \\ -2 & 1 & -1 \end{pmatrix}$

13　$f(\boldsymbol{x}) = \begin{pmatrix} 2x_1 + 3x_2 \\ 3x_1 - x_2 \end{pmatrix}$

14　(1)　$\left(a_1 - \dfrac{a_2}{2}, b_1 - \dfrac{b_2}{2}\right)$　(2)　$(-a_1, -b_1)$　(3)　$(5a_1 - a_2, 5b_1 - b_2)$

15　(1)　$\begin{pmatrix} 4 \\ -4 \\ 3 \end{pmatrix}$　(2)　$\begin{pmatrix} -4 \\ 4 \\ -3 \end{pmatrix}$　(3)　$\begin{pmatrix} -7 \\ 2 \\ 5 \end{pmatrix}$

16　$g \circ f$ による像は $(2, -6)$，$f \circ g$ による像は $(-10, 6)$

17　(1)　逆変換が存在．$(x, y) = \left(\dfrac{3}{7}, -\dfrac{1}{7}\right)$　(2)　逆変換はない

(3)　逆変換が存在．$(x, y) = (\sin x + \cos x, \cos x - \sin x)$

18　(1)　$\begin{pmatrix} -1 & 3 \\ 4 & -2 \end{pmatrix}$　(2)　$\begin{pmatrix} -\dfrac{1}{10} & \dfrac{2}{5} \\ \dfrac{3}{10} & -\dfrac{1}{5} \end{pmatrix}$　(3)　$\begin{pmatrix} 2 & 1 \\ 1 & 1 \end{pmatrix}$

(4)　$\begin{pmatrix} \dfrac{1}{5} & \dfrac{3}{10} \\ \dfrac{2}{5} & \dfrac{1}{10} \end{pmatrix}$　(5)　$\begin{pmatrix} \dfrac{1}{10} & \dfrac{3}{5} \\ \dfrac{1}{5} & \dfrac{1}{5} \end{pmatrix}$　(6)　$\begin{pmatrix} \dfrac{1}{5} & \dfrac{3}{10} \\ \dfrac{2}{5} & \dfrac{1}{10} \end{pmatrix}$

19　(1)　直線 $x = 1$　(2)　直線 $7x + 5y = 4$　(3)　点 $(-2, 1)$

(4) 直線 $3x - 2y = -1$

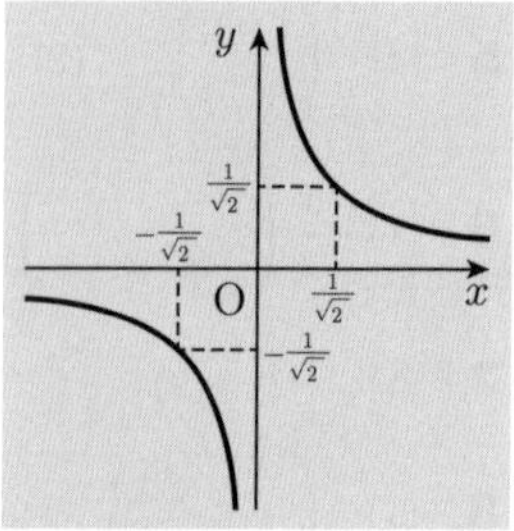

20 (1) $A = \dfrac{1}{\sqrt{2}}\begin{pmatrix} 1 & -1 \\ 1 & 1 \end{pmatrix}$ (2) 双曲線 $xy = \dfrac{1}{2}$

(3) 図参照

21 $R = \dfrac{1}{2}\begin{pmatrix} \sqrt{3} & -1 \\ 1 & \sqrt{3} \end{pmatrix}$, $\boldsymbol{s} = \begin{pmatrix} 2 \\ 2\sqrt{3} \end{pmatrix}$, $\boldsymbol{s}' = \begin{pmatrix} 2\sqrt{3} \\ 2 \end{pmatrix}$,

$Q = \dfrac{1}{2}\begin{pmatrix} \sqrt{3} & 1 \\ -1 & \sqrt{3} \end{pmatrix}$ **22** $a = 2,\ b = 3$

23 (1) (a, a)（a は任意の値） (2) $y = -x + a$（a は任意の値），$y = x$

24 4 **25** $\dfrac{1}{5}\begin{pmatrix} -3 & 4 \\ 4 & 3 \end{pmatrix}$ **26** 0

27 (1) 直線 $3x - y = 0$, $3x - y = 1$, $-5x + 2y = 0$, $-5x + 2y = 1$ (2) 1

28 証明略 ヒント：(1) A^{12} は原点まわりの $12\dfrac{\pi}{6} = 2\pi$ 回転の表現行列

(2) $|A - E| = 2 - \sqrt{3} \neq 0$ より正則

(3) $A^{12} - E = (A - E)(A^{11} + A^{10} + \cdots + A + E) = O$ より．

29 $\left(\dfrac{\sqrt{3}+2}{2}, \dfrac{2\sqrt{3}-1}{2}\right)$ **30** $\sqrt{3}$

31 (1) $A = \begin{pmatrix} \cos\theta & -\sin\theta & 0 \\ \sin\theta & \cos\theta & 0 \\ 0 & 0 & 1 \end{pmatrix}$ (2) $A^{-1} = \begin{pmatrix} \cos\theta & \sin\theta & 0 \\ -\sin\theta & \cos\theta & 0 \\ 0 & 0 & 1 \end{pmatrix}$

(3) 平面 $(\cos\theta + \sin\theta)x + (\cos\theta - \sin\theta)y + z = 0$

32 (1) $T(\boldsymbol{x}) = \boldsymbol{x} - 2(\boldsymbol{x}, \boldsymbol{u})\boldsymbol{u}$ (2) $A = \begin{pmatrix} -\cos 2\theta & -\sin 2\theta \\ -\sin 2\theta & \cos 2\theta \end{pmatrix}$

33 証明略 ヒント：(1) $A\boldsymbol{0} = \boldsymbol{0}$ より． (2) 線形性を用いよ．

34 証明略 ヒント：内分点 P の位置ベクトル $\boldsymbol{p}$ は $\boldsymbol{p} = \dfrac{n\boldsymbol{a} + m\boldsymbol{b}}{m+n}$ であることと，f の線形性より．

35 証明略 ヒント：(1) $A\boldsymbol{x} = \boldsymbol{0}$ の両辺に左から A^{-1} を掛ける． (2) $A(A^{-1}\boldsymbol{y}) = \boldsymbol{y}$ より $\boldsymbol{x} = A^{-1}\boldsymbol{y}$ とする．

36 証明略 ヒント：$\boldsymbol{e}_1$, $\boldsymbol{e}_2$, $\boldsymbol{e}_3$ の像が決まれば，任意のベクトル $\boldsymbol{x} = x\boldsymbol{e}_1 + y\boldsymbol{e}_2 + z\boldsymbol{e}_3$ の像が決まる．

4.2節 **37** (4) が部分空間 **38** (2), (3) が部分空間 **39** W は部分空間で 2 次元，$\begin{pmatrix} -2 \\ 1 \\ 0 \end{pmatrix}$, $\begin{pmatrix} 1 \\ 0 \\ 1 \end{pmatrix}$ が基底．U は部分空間でない．$\begin{pmatrix} 1 \\ -1 \\ 1 \end{pmatrix}$, $\begin{pmatrix} 2 \\ -2 \\ 1 \end{pmatrix}$ は U の元である

がその和 $\begin{pmatrix}3\\-3\\2\end{pmatrix}$ は U の元でない.　**40** (1) 直線 $2x+y=0$　(2) 平面全体

41 (1) 直線 $x=-2y=z$　(2) 平面 $7x-3y+z=0$

42 (1) $\begin{pmatrix}3\\-3\end{pmatrix}$　(2) $\begin{pmatrix}-4\\-1\end{pmatrix}$, $\begin{pmatrix}1\\8\end{pmatrix}$　**43** (1) $\begin{pmatrix}1\\1\\0\end{pmatrix}$, $\begin{pmatrix}1\\2\\1\end{pmatrix}$　(2) $\begin{pmatrix}0\\1\\0\end{pmatrix}$, $\begin{pmatrix}0\\2\\1\end{pmatrix}$

44 証明略　ヒント：(1) $A=\begin{pmatrix}1&-2&0&3\\1&-1&1&2\end{pmatrix}$ とするとき $V=\{\boldsymbol{x}\in\mathbb{R}^4 \mid A\boldsymbol{x}=\boldsymbol{0}\}$

(2) $\begin{pmatrix}-2\\-1\\1\\0\end{pmatrix}$, $\begin{pmatrix}-1\\1\\0\\1\end{pmatrix}$

45 像の基底とその次元；核の基底とその次元の順に示す.

(1) $\begin{pmatrix}1\\1\end{pmatrix}$, $\begin{pmatrix}1\\3\end{pmatrix}$, 2；基底なし，0　(2) 基底なし，0；$\begin{pmatrix}1\\2\\3\end{pmatrix}$, $\begin{pmatrix}2\\1\\2\end{pmatrix}$, $\begin{pmatrix}1\\-1\\0\end{pmatrix}$, 3

(3) $\begin{pmatrix}1\\1\\1\end{pmatrix}$, 1；$\begin{pmatrix}-3\\-4\\-7\end{pmatrix}$, $\begin{pmatrix}1\\1\\2\end{pmatrix}$, 2　(4) 基底なし，0；$\begin{pmatrix}1\\-1\\2\end{pmatrix}$, $\begin{pmatrix}2\\4\\-4\end{pmatrix}$, $\begin{pmatrix}1\\1\\0\end{pmatrix}$, 3

(5) $\begin{pmatrix}2\\1\\2\end{pmatrix}$, 1；$\begin{pmatrix}6\\2\\4\end{pmatrix}$, $\begin{pmatrix}-18\\-6\\-14\end{pmatrix}$, 2

46 証明略　ヒント：(1) 教科書 2.5 （第 2 章行列の性質）参照
(2), (3)　『基礎数学［第 2 版］』第 1 章 1.1 参照
(4) $a_{n+2}+b_{n+2}=(3a_{n+1}-2a_n)+(3b_{n+1}-2b_n)=3(a_{n+1}+b_{n+1})-2(a_n+b_n)$, $ca_{n+2}=c(3a_{n+1}-2a_n)=3(ca_{n+1})-2(ca_n)$ に注意.　(5) 微分の線形性より.

47 (1), (2), (4), (5) が部分空間

48 証明略　ヒント：与えられた 4 次元ベクトルをそれぞれ $\boldsymbol{a}, \boldsymbol{b}, \boldsymbol{c}, \boldsymbol{d}$ とするとき $\boldsymbol{c}=-\boldsymbol{a}+3\boldsymbol{b}$, $\boldsymbol{d}=-\boldsymbol{a}+2\boldsymbol{b}$ だから，U の任意のベクトル $s\boldsymbol{c}+t\boldsymbol{d}$ （s, t は実数）について $s\boldsymbol{c}+t\boldsymbol{d}=(-s-t)\boldsymbol{a}+(3s+2t)\boldsymbol{b}\in W$ より $U\subset W$. 同様に W の任意のベクトルは $\boldsymbol{c}$ と $\boldsymbol{d}$ の 1 次結合で表されるから $W\subset U$　**49** (1) $\{\boldsymbol{v}_1, \boldsymbol{v}_2\}$　(2) $a+5b+2c\neq 0$

50 証明略　ヒント：$\mathrm{Ker}\, f=\langle 3\boldsymbol{a}_1-2\boldsymbol{a}_2\rangle$, $\mathrm{Im}\, f=\langle \boldsymbol{b}_1-2\boldsymbol{b}_2-\boldsymbol{b}_3\rangle$ になることを示せ.

51 (1) 1 次独立　(2) 1 次従属　(3) 1 次従属　(4) 1 次従属

52 (1) $\begin{pmatrix}2\\-5\\3\end{pmatrix}$　(2) $\begin{pmatrix}-2\\-1\\1\\0\end{pmatrix}$, $\begin{pmatrix}-7\\-5\\0\\1\end{pmatrix}$　(3) $\begin{pmatrix}-4\\-7\\1\\0\end{pmatrix}$, $\begin{pmatrix}1\\3\\0\\1\end{pmatrix}$　(4) $\begin{pmatrix}-1\\1\\2\\0\end{pmatrix}$, $\begin{pmatrix}1\\-1\\0\\2\end{pmatrix}$

53 V の次元は 2.

54 像の基底とその次元；核の基底とその次元の順に示す.

(1) $\begin{pmatrix}1\\3\\-2\end{pmatrix}, \begin{pmatrix}0\\-6\\5\end{pmatrix}, 2\ ;\ \begin{pmatrix}-2\\-1\\1\\0\end{pmatrix}, \begin{pmatrix}5\\2\\0\\1\end{pmatrix}, 2$ (2) $\begin{pmatrix}1\\2\\1\end{pmatrix}, \begin{pmatrix}1\\1\\2\end{pmatrix}, 2\ ;\ \begin{pmatrix}-2\\-1\\1\\0\end{pmatrix}, \begin{pmatrix}-1\\-1\\0\\1\end{pmatrix}, 2$

(3) $\begin{pmatrix}0\\1\\2\\3\end{pmatrix}, \begin{pmatrix}1\\2\\3\\4\end{pmatrix}, 2\ ;\ \begin{pmatrix}1\\-2\\1\\0\end{pmatrix}, \begin{pmatrix}2\\-3\\0\\1\end{pmatrix}, 2$ (4) $\begin{pmatrix}7\\4\\11\\18\end{pmatrix}, \begin{pmatrix}-7\\-4\\-9\\-16\end{pmatrix}, \begin{pmatrix}-3\\4\\13\\10\end{pmatrix}, 3\ ;\ \begin{pmatrix}-1\\-1\\1\\1\end{pmatrix}, 1$

(5) $\begin{pmatrix}1\\2\\1\\3\end{pmatrix}, \begin{pmatrix}0\\1\\1\\1\end{pmatrix}, 2\ ;\ \begin{pmatrix}-2\\3\\1\\0\end{pmatrix}, \begin{pmatrix}-1\\2\\0\\1\end{pmatrix}, 2$

55 (1) 証明略 ヒント：$\begin{vmatrix}\boldsymbol{b}_1 & \boldsymbol{b}_2 & \boldsymbol{b}_3\end{vmatrix} = 1 \neq 0$ および $\dim \mathbb{R}^3 = 3$ より.

(2) $\begin{pmatrix}9 & -6 & 6\\8 & -5 & 6\\0 & 0 & 1\end{pmatrix}$

56 (1) 誤り. 反例 $U = V = \mathbb{R}^2$, $f\left(\begin{pmatrix}x\\y\end{pmatrix}\right) = \begin{pmatrix}x+y\\x+y\end{pmatrix}$, $\boldsymbol{a}_1 = \begin{pmatrix}1\\-1\end{pmatrix}$, $\boldsymbol{a}_2 = \begin{pmatrix}1\\0\end{pmatrix}$

(2) 正しい.（略証：$\lambda_1\boldsymbol{a}_1 + \cdots + \lambda\boldsymbol{a}_n = \boldsymbol{0}$ ならば $f(\lambda_1\boldsymbol{a}_1 + \cdots + \lambda\boldsymbol{a}_n) = \lambda_1 f(\boldsymbol{a}_1) + \cdots + \lambda_n f(\boldsymbol{a}_n) = \boldsymbol{0}$ であり，$f(\boldsymbol{a}_1), \ldots, f(\boldsymbol{a}_n)$ が 1 次独立なので $\lambda_1 = \cdots = \lambda_n = 0$）

57 (1) 証明略 ヒント：$\lambda_1(\boldsymbol{v}_1 - \boldsymbol{v}_2) + \lambda_2(\boldsymbol{v}_1 + \boldsymbol{v}_2) = \boldsymbol{0}$ ならば $(\lambda_1 + \lambda_2)\boldsymbol{v}_1 + (-\lambda_1 + \lambda_2)\boldsymbol{v}_2 = \boldsymbol{0}$ より $\lambda_1 = \lambda_2 = 0$ (2) $P = \begin{pmatrix}1 & 1\\-1 & 1\end{pmatrix}$ とおくと $A' = P^{-1}AP$

58 (1) $\begin{pmatrix}1 & 1 & -1\\-1 & 1 & 1\\-2 & 2 & 2\end{pmatrix}$ (2) $\begin{pmatrix}2 & 0 & -2\\-4 & 2 & 4\\-8 & 4 & 8\end{pmatrix}$

(3) $\operatorname{rank} A = \operatorname{rank} B = 2$

59 (1) $f(\boldsymbol{a}_1) = 4\boldsymbol{a}_1$, $f(\boldsymbol{a}_2) = 2\boldsymbol{a}_2$, $f(\boldsymbol{a}_3) = 2\boldsymbol{a}_3$, $f(\boldsymbol{a}_4) = \boldsymbol{0}$

(2) $\dim(\operatorname{Ker} f) = 1$，基底は $\{\boldsymbol{a}_4\}$ (3) $\dim(\operatorname{Im} f) = 3$

(4) $\begin{pmatrix}4 & 0 & 0 & 0\\0 & 2 & 0 & 0\\0 & 0 & 2 & 0\\0 & 0 & 0 & 0\end{pmatrix}$

第 5 章

5.1 節 **1** {固有値, 固有ベクトル} で示す．以下において，α, β, γ は 0 でない任意の数とする．(1) $\left\{3, \alpha\begin{pmatrix}2\\1\end{pmatrix}\right\}, \left\{-2, \beta\begin{pmatrix}1\\-2\end{pmatrix}\right\}$

(2) 固有方程式が虚数解のみをもつので実固有値・実固有ベクトルはない．

(3) $\left\{3\ (2\text{ 重解}), \alpha\begin{pmatrix}1\\-1\end{pmatrix}\right\}$ (4) $\left\{2, \alpha\begin{pmatrix}1\\1\end{pmatrix}\right\}, \left\{-4, \beta\begin{pmatrix}1\\7\end{pmatrix}\right\}$

(5) $\left\{6, \alpha\begin{pmatrix}1\\1\end{pmatrix}\right\}, \left\{1, \beta\begin{pmatrix}2\\-3\end{pmatrix}\right\}$

(6) 固有方程式が虚数解のみをもつので，実固有値・実固有ベクトルはない．

(7) $\left\{7, \alpha\begin{pmatrix}3\\1\end{pmatrix}\right\}, \left\{-2, \beta\begin{pmatrix}3\\-2\end{pmatrix}\right\}$ (8) $\left\{3, \alpha\begin{pmatrix}1\\2\end{pmatrix}\right\}, \left\{-5, \beta\begin{pmatrix}3\\-2\end{pmatrix}\right\}$

(9) $\left\{2\ (2\text{ 重解}), \alpha\begin{pmatrix}1\\-1\end{pmatrix}\right\}$ (10) $\left\{1, \alpha\begin{pmatrix}0\\1\\1\end{pmatrix}\right\}, \left\{2\ (2\text{ 重解}), \beta\begin{pmatrix}1\\2\\3\end{pmatrix}\right\}$

(11) $\left\{-1, \alpha\begin{pmatrix}2\\1\\4\end{pmatrix}\right\}, \left\{2, \beta\begin{pmatrix}3\\0\\5\end{pmatrix}\right\}, \left\{3, \gamma\begin{pmatrix}1\\0\\2\end{pmatrix}\right\}$

2 与えられた行列を A とする．

(1) $P = \begin{pmatrix}2 & 1\\1 & -2\end{pmatrix}$ のとき，$P^{-1}AP = \begin{pmatrix}3 & 0\\0 & -2\end{pmatrix}$

(2) 対角化できない．固有方程式が虚数解をもつから．

(3) 対角化できない．1 次独立な固有ベクトルの個数が 1 だから．(行列の次数の 2 より小さいので)

(4) $P = \begin{pmatrix}1 & 1\\1 & 7\end{pmatrix}$ のとき，$P^{-1}AP = \begin{pmatrix}2 & 0\\0 & -4\end{pmatrix}$

(5) $P = \begin{pmatrix}1 & 2\\1 & -3\end{pmatrix}$ のとき，$P^{-1}AP = \begin{pmatrix}6 & 0\\0 & 1\end{pmatrix}$

(6) 対角化できない．固有方程式が虚数解をもつから．

(7) $P = \begin{pmatrix}3 & 3\\1 & -2\end{pmatrix}$ のとき，$P^{-1}AP = \begin{pmatrix}7 & 0\\0 & -2\end{pmatrix}$

(8) $P = \begin{pmatrix}1 & 3\\2 & -2\end{pmatrix}$ のとき，$P^{-1}AP = \begin{pmatrix}3 & 0\\0 & -5\end{pmatrix}$

(9) 対角化できない．1 次独立な固有ベクトルの個数が 1 だから．(行列の次数 2 より小さいので)

(10)　対角化できない．1次独立な固有ベクトルの個数が2だから．(行列の次数3より小さいので)

(11)　$P=\begin{pmatrix}2&3&1\\1&0&0\\4&5&2\end{pmatrix}$ のとき，$P^{-1}AP=\begin{pmatrix}-1&0&0\\0&2&0\\0&0&3\end{pmatrix}$

3　$a=-2$,

$\{$固有値, 固有ベクトル$\}=\left\{0,\alpha\begin{pmatrix}1\\-2\end{pmatrix}\right\},\left\{1,\beta\begin{pmatrix}2\\-3\end{pmatrix}\right\}$ $(\alpha\neq 0,\beta\neq 0)$.

$P=\begin{pmatrix}1&2\\-2&-3\end{pmatrix}$ のとき，$P^{-1}AP=\begin{pmatrix}0&0\\0&1\end{pmatrix}$

4　(1)　$\lambda=6$　　(2)　$x=-4$

5　(1)　2　　(2)　$a=-2$

6　$x=8$, $y=1$

7　(1)　-8, 5　　(2)　$y=2$

8　$a=-2$, $b=10$, 固有値は 4 と $-3\pm 2\sqrt{5}$

9　証明略　ヒント：c_1, c_2, c_3 を実数として，$c_1\boldsymbol{p}_1+c_2\boldsymbol{p}_2+c_3\boldsymbol{p}_3=\boldsymbol{0}$ $\cdots$① とおく．
この両辺に左から A を掛けると $\lambda_1c_1\boldsymbol{p}_1+\lambda_2c_2\boldsymbol{p}_2+\lambda_3c_3\boldsymbol{p}_3=\boldsymbol{0}$ $\cdots$②
さらに，この両辺に左から A を掛けると ${\lambda_1}^2c_1\boldsymbol{p}_1+{\lambda_2}^2c_2\boldsymbol{p}_2+{\lambda_3}^2c_3\boldsymbol{p}_3=\boldsymbol{0}$ $\cdots$③
①と②，②と③から $c_1\boldsymbol{p}_1$ を消去した2式を導出し，この2式から $c_2\boldsymbol{p}_2$ を消去し

$$(\lambda_3-\lambda_2)(\lambda_3-\lambda_1)c_3\boldsymbol{p}_3=\boldsymbol{0}$$

を得る．$\lambda_3\neq\lambda_2$, $\lambda_3\neq\lambda_1$, $\boldsymbol{p}_3\neq\boldsymbol{0}$ だから，$c_3=0$ を得る．式をさかのぼっていくことにより，$c_2=0$ と $c_1=0$ を導く．

10　証明略　ヒント：(1)　λ に属する A の固有ベクトルを $\boldsymbol{p}$ $(\neq\boldsymbol{0})$ とすると $A\boldsymbol{p}=\lambda\boldsymbol{p}$.
このとき $A^2\boldsymbol{p}=A(A\boldsymbol{p})=A(\lambda\boldsymbol{p})=\lambda(A\boldsymbol{p})=\lambda(\lambda\boldsymbol{p})=\lambda^2\boldsymbol{p}$
(2)　$(A^2+3A-5E)\boldsymbol{p}=A^2\boldsymbol{p}+3A\boldsymbol{p}-5E\boldsymbol{p}=\lambda^2\boldsymbol{p}+3\lambda\boldsymbol{p}-5\boldsymbol{p}=(\lambda^2+3\lambda-5)\boldsymbol{p}$
(3)　$(A-2E)\boldsymbol{p}=(\lambda-2)\boldsymbol{p}$. この両辺に左から $(A-2E)^{-1}$ を掛け，さらに $(\lambda-2)$ で割ると $(\lambda-2)^{-1}\boldsymbol{p}=(A-2E)^{-1}\boldsymbol{p}$
(注意：$|A-2E|\neq 0$ より $\lambda\neq 2$ すなわち $\lambda-2\neq 0$)

11　証明略　ヒント：A の任意の固有値を λ とし，λ に属する A の固有ベクトルを $\boldsymbol{p}$ $(\neq\boldsymbol{0})$ とする．$A^3-A=O$ であるから，

$$\boldsymbol{0}=(A^3-A)\boldsymbol{p}=(\lambda^3-\lambda)\boldsymbol{p}$$

$\boldsymbol{p}\neq\boldsymbol{0}$ だから $\lambda^3-\lambda=0$

12　-243

13　証明略　ヒント：一般に正方行列 P の行列式について $|{}^tP|=|P|$ が成り立つ．これより $|xE-{}^tA|=|{}^t(xE-A)|=|xE-A|$ となり，A と ${}^tA$ の固有多項式が一致する．

14 (1) $AB = BA = \begin{pmatrix} 4 & 3 & 1 \\ -4 & 8 & 4 \\ -16 & 12 & 12 \end{pmatrix}$

(2) $P = \begin{pmatrix} 1 & 1 & 1 \\ 1 & 2 & -2 \\ 1 & 4 & 4 \end{pmatrix}$ のとき，$P^{-1}AP = \begin{pmatrix} 1 & 0 & 0 \\ 0 & 2 & 0 \\ 0 & 0 & -2 \end{pmatrix}$, $P^{-1}BP = \begin{pmatrix} 8 & 0 & 0 \\ 0 & 7 & 0 \\ 0 & 0 & -1 \end{pmatrix}$

15 {固有値, 固有ベクトル} で示す．以下，(5) を除き，α, β, γ は 0 でない任意の数とする．

(1) $\left\{1, \alpha\begin{pmatrix} 1 \\ -1 \\ 0 \end{pmatrix}\right\}$, $\left\{2, \beta\begin{pmatrix} 2 \\ -1 \\ -2 \end{pmatrix}\right\}$, $\left\{3, \gamma\begin{pmatrix} 1 \\ -1 \\ -2 \end{pmatrix}\right\}$ (2) $\left\{2\ (3\ \text{重解}), \beta\begin{pmatrix} 1 \\ 2 \\ -3 \end{pmatrix}\right\}$

(3) $\left\{0, \alpha\begin{pmatrix} 2 \\ -1 \\ 3 \end{pmatrix}\right\}$, $\left\{1, \beta\begin{pmatrix} 3 \\ -2 \\ 4 \end{pmatrix}\right\}$, $\left\{2, \gamma\begin{pmatrix} 1 \\ -1 \\ 2 \end{pmatrix}\right\}$

(4) $\left\{-2\ (2\ \text{重解}), \alpha\begin{pmatrix} 1 \\ 1 \\ 0 \end{pmatrix}\right\}$, $\left\{0, \beta\begin{pmatrix} 7 \\ 1 \\ -2 \end{pmatrix}\right\}$

(5) $\left\{-2, \alpha\begin{pmatrix} 1 \\ 1 \\ 0 \end{pmatrix} + \beta\begin{pmatrix} 0 \\ 1 \\ 1 \end{pmatrix}\right\}$, $\left\{4, \gamma\begin{pmatrix} 1 \\ 1 \\ 2 \end{pmatrix}\right\}$ $\begin{pmatrix} (\alpha, \beta) \neq (0, 0) \\ \gamma \neq 0 \end{pmatrix}$

(6) $\left\{0, \alpha\begin{pmatrix} 1 \\ 1 \\ -1 \end{pmatrix}\right\}$, $\left\{1, \beta\begin{pmatrix} 0 \\ 1 \\ 0 \end{pmatrix}\right\}$, $\left\{2, \gamma\begin{pmatrix} 1 \\ 3 \\ 1 \end{pmatrix}\right\}$

16 与えられた行列を A とする．

(1) $P = \begin{pmatrix} 1 & 2 & 1 \\ -1 & -1 & -1 \\ 0 & -2 & -2 \end{pmatrix}$ のとき，$P^{-1}AP = \begin{pmatrix} 1 & 0 & 0 \\ 0 & 2 & 0 \\ 0 & 0 & 3 \end{pmatrix}$

(2) 対角化できない．1 次独立な固有ベクトルの個数が 1 だから．(行列の次数 3 より小さいので)

(3) $P = \begin{pmatrix} 2 & 3 & 1 \\ -1 & -2 & -1 \\ 3 & 4 & 2 \end{pmatrix}$ のとき，$P^{-1}AP = \begin{pmatrix} 0 & 0 & 0 \\ 0 & 1 & 0 \\ 0 & 0 & 2 \end{pmatrix}$

(4) 対角化できない．1 次独立な固有ベクトルの個数が 2 だから．(行列の次数 3 より小さいので)

(5) $P = \begin{pmatrix} 1 & 1 & 0 \\ 1 & 1 & 1 \\ 2 & 0 & 1 \end{pmatrix}$ のとき，$P^{-1}AP = \begin{pmatrix} 4 & 0 & 0 \\ 0 & -2 & 0 \\ 0 & 0 & -2 \end{pmatrix}$

(6) $P=\begin{pmatrix}1&0&1\\1&1&3\\-1&0&1\end{pmatrix}$ のとき，$P^{-1}AP=\begin{pmatrix}0&0&0\\0&1&0\\0&0&2\end{pmatrix}$

17 与えられた行列を A とする.

(1) 対角化できない．固有方程式が虚数解をもつから.

(2) $P=\begin{pmatrix}3&3\\1+\sqrt{7}&1-\sqrt{7}\end{pmatrix}$ のとき，$P^{-1}AP=\begin{pmatrix}2+\sqrt{7}&0\\0&2-\sqrt{7}\end{pmatrix}$

(3) 対角化できない．1次独立な固有ベクトルの個数が1だから．(行列の次数2より小さいので)

(4) 対角化できない．1次独立な固有ベクトルの個数が2だから．(行列の次数3より小さいので)

(5) $P=\begin{pmatrix}1&0&1\\0&1&1\\-1&-1&0\end{pmatrix}$ のとき，$P^{-1}AP=\begin{pmatrix}1&0&0\\0&1&0\\0&0&3\end{pmatrix}$

18 証明略 ヒント：(1) $\mathrm{tr}(AB)=ap+br+cq+ds=\mathrm{tr}(BA)$

(2) AB の成分を計算して示す.

(3) (1), (2) の性質より，$\mathrm{tr}(P^{-1}AP)=\mathrm{tr}(APP^{-1})=\mathrm{tr}(AE)=\mathrm{tr}\,A$ と $|P^{-1}AP|=|P^{-1}||A||P|=|P^{-1}||P||A|=|P^{-1}P||A|=|E||A|=|A|$ が成り立つ．これらを利用.

5.2節 **19** (1) 最大値 $5\big((x,y)=(2,1)$ のとき$\big)$，最小値 $-5\big((x,y)=(-2,-1)$ のとき$\big)$

(2) 最大値 $70\left((x,y,z)=\left(\dfrac{30}{7},-\dfrac{20}{7},\dfrac{60}{7}\right)\right.$ のとき$\Big)$，

最小値 $-70\left((x,y,z)=\left(-\dfrac{30}{7},\dfrac{20}{7},-\dfrac{60}{7}\right)\right.$ のとき$\Big)$

(3) 最大値 $23\left((x,y,z)=\left(\dfrac{16}{3},\dfrac{7}{3},\dfrac{14}{3}\right)\right.$ のとき$\Big)$，

最小値 $-7\left((x,y,z)=\left(-\dfrac{4}{3},-\dfrac{13}{3},\dfrac{4}{3}\right)\right.$ のとき$\Big)$

20 $a=\dfrac{1}{\sqrt{5}},\ b=\dfrac{2}{\sqrt{5}},\ c=-\dfrac{1}{\sqrt{5}}$

(ヒント：$a^2+(2a)^2=1,\ ab+2ac=0,\ b^2+c^2=1$．$a>0,\ b>0$ に注意してこれを解く.)

21 (1) $a^2+c^2=1,\ b^2+d^2=1,\ ab+cd=0$

(2) 証明略 ヒント：式 $a^2+c^2=1$ より，$a=\cos\theta,\ c=\sin\theta$ とおける．同様に式 $b^2+d^2=1$ より，$b=\cos\phi,\ c=\sin\phi\cdots$① とおける．ただし $-\pi\leqq\phi-\theta<\pi$ とおいてよい．このとき，式 $ab+cd=0$ と加法定理より，$\cos(\phi-\theta)=0$．$-\pi\leqq\phi-\theta<\pi$ より，$\phi-\theta=\pm\dfrac{\pi}{2}$．$\phi=\theta+\dfrac{\pi}{2}$ のとき，①に代入．加法定理より

$$b=\cos\phi=\cos\left(\theta+\frac{\pi}{2}\right)=-\sin\theta,\quad c=\sin\phi=\sin\left(\theta+\frac{\pi}{2}\right)=\cos\theta$$

を得る．$\phi = \theta - \dfrac{\pi}{2}$ のとき，同様にして $b = \cos\phi = \sin\theta$, $c = \sin\phi = -\cos\theta$ を得る．

22 (1) $P = \dfrac{1}{\sqrt{2}}\begin{pmatrix} 1 & 1 \\ -1 & 1 \end{pmatrix}$ のとき，${}^tPAP = \begin{pmatrix} 1 & 0 \\ 0 & 3 \end{pmatrix}$

(2) $P = \dfrac{1}{\sqrt{2}}\begin{pmatrix} 1 & 1 \\ -1 & 1 \end{pmatrix}$ のとき，${}^tPAP = \begin{pmatrix} 8 & 0 \\ 0 & 2 \end{pmatrix}$

(3) $P = \dfrac{1}{\sqrt{5}}\begin{pmatrix} 2 & 1 \\ 1 & -2 \end{pmatrix}$ のとき，${}^tPAP = \begin{pmatrix} 2 & 0 \\ 0 & -3 \end{pmatrix}$

(4) $P = \dfrac{1}{5}\begin{pmatrix} 4 & 3 \\ -3 & 4 \end{pmatrix}$ のとき，${}^tPAP = \begin{pmatrix} 0 & 0 \\ 0 & 25 \end{pmatrix}$

23 証明略　ヒント：P を直交行列とすると，$P^{-1} = {}^tP$．この両辺の転置をとると ${}^t(P^{-1}) = P$．よって，両辺に右から，P^{-1} を掛けると，${}^t(P^{-1})P^{-1} = E$.

次に P, Q を直交行列とすると，

$$ {}^t(PQ)PQ = {}^tQ\,{}^tPPQ = {}^tQ({}^tPP)Q = {}^tQEQ = {}^tQQ = E $$

24 証明略　ヒント：$f(\boldsymbol{x}) = P\boldsymbol{x}$ とおく．$f(\boldsymbol{x}) \cdot f(\boldsymbol{y}) = \boldsymbol{x} \cdot \boldsymbol{y}$ より，${}^t(P\boldsymbol{x})P\boldsymbol{y} = {}^t\boldsymbol{x}\,\boldsymbol{y} \iff {}^t\boldsymbol{x}({}^tPP)\boldsymbol{y} = {}^t\boldsymbol{x}\,\boldsymbol{y}$ がすべての $\boldsymbol{x}$, $\boldsymbol{y}$ について成り立つ．特に，基本列ベクトル $\boldsymbol{e}_i = {}^t\begin{pmatrix} 0 & 0 & \cdots & 1 & \cdots & 0 \end{pmatrix}$ $(1 \leqq i \leqq n)$ (i 成分だけ 1，他はすべて 0) を用いると，

$({}^tPP$ の (i, j) 成分$) = {}^t\boldsymbol{e}_i({}^tPP)\boldsymbol{e}_j = {}^t\boldsymbol{e}_i\boldsymbol{e}_j = \begin{cases} 1 & (i = j) \\ 0 & (i \neq j) \end{cases}$　これより ${}^tPP = E$

25 証明略　ヒント：λ を直交行列 A の固有値とし，λ に属する A の固有ベクトルを $\boldsymbol{p}$ $(\boldsymbol{p} \neq \boldsymbol{0})$ とする．すると，直交行列の性質から

$$ |\lambda||\boldsymbol{p}| = |\lambda\boldsymbol{p}| = |A\boldsymbol{p}| = |\boldsymbol{p}| $$

26 (1) $P = \dfrac{1}{\sqrt{6}}\begin{pmatrix} \sqrt{2} & \sqrt{3} & -1 \\ \sqrt{2} & 0 & 2 \\ \sqrt{2} & -\sqrt{3} & -1 \end{pmatrix}$ のとき，${}^tPAP = \begin{pmatrix} 2 & 0 & 0 \\ 0 & -1 & 0 \\ 0 & 0 & -1 \end{pmatrix}$

(2) $P = \dfrac{1}{\sqrt{6}}\begin{pmatrix} \sqrt{2} & \sqrt{3} & 1 \\ \sqrt{2} & 0 & -2 \\ \sqrt{2} & -\sqrt{3} & 1 \end{pmatrix}$ のとき，${}^tPAP = \begin{pmatrix} 4 & 0 & 0 \\ 0 & 1 & 0 \\ 0 & 0 & 1 \end{pmatrix}$

(3) $P = \dfrac{1}{3}\begin{pmatrix} 2 & 2 & 1 \\ -2 & 1 & 2 \\ 1 & -2 & 2 \end{pmatrix}$ のとき，${}^tPAP = \begin{pmatrix} 1 & 0 & 0 \\ 0 & 4 & 0 \\ 0 & 0 & -11 \end{pmatrix}$

(4) $P = \dfrac{1}{\sqrt{6}}\begin{pmatrix} \sqrt{2} & \sqrt{3} & 1 \\ -\sqrt{2} & \sqrt{3} & -1 \\ \sqrt{2} & 0 & -2 \end{pmatrix}$ のとき，${}^tPAP = \begin{pmatrix} 6 & 0 & 0 \\ 0 & 3 & 0 \\ 0 & 0 & 3 \end{pmatrix}$

27 直交行列 $P=\begin{pmatrix} 1 & 0 & 0 & 0 \\ 0 & \dfrac{1}{\sqrt{2}} & 0 & \dfrac{1}{\sqrt{2}} \\ 0 & -\dfrac{1}{\sqrt{2}} & 0 & \dfrac{1}{\sqrt{2}} \\ 0 & 0 & 1 & 0 \end{pmatrix}$, ${}^tPAP=\begin{pmatrix} a-b & 0 & 0 & 0 \\ 0 & a-b & 0 & 0 \\ 0 & 0 & a-b & 0 \\ 0 & 0 & 0 & a+b \end{pmatrix}$

28 証明略　ヒント：(1)　空間の任意の点を $\mathrm{P}(x,y,z)$ とし，$\overrightarrow{\mathrm{OP}}=\boldsymbol{p}$ とする．点 $\mathrm{P}(x,y,z)$ と平面①に関して対称な点を P' とし，$\overrightarrow{\mathrm{OP'}}=\boldsymbol{p}'$ とする．$\boldsymbol{n}=\begin{pmatrix} a \\ b \\ c \end{pmatrix}$ は平面①の単位法線ベクトルであるから

$$\begin{aligned} f(\boldsymbol{p}) &= \boldsymbol{p}'=\boldsymbol{p}-2(\boldsymbol{p}\cdot\boldsymbol{n})\boldsymbol{n} \\ &= \begin{pmatrix} x \\ y \\ z \end{pmatrix}-2(ax+by+cz)\begin{pmatrix} a \\ b \\ c \end{pmatrix}=\begin{pmatrix} 1-2a^2 & -2ab & -2ac \\ -2ab & 1-2b^2 & -2bc \\ -2ac & -2bc & 1-2c^2 \end{pmatrix}\begin{pmatrix} x \\ y \\ z \end{pmatrix} \end{aligned}$$

(2)　$A=\begin{pmatrix} \boldsymbol{p}_1 & \boldsymbol{p}_2 & \boldsymbol{p}_3 \end{pmatrix}$ とおくと

$$\begin{aligned} |\boldsymbol{p}_1|^2 &= (1-2a^2)^2+(-2ab)^2+(-2ac)^2 \\ &= 1-4a^2+4a^2(a^2+b^2+c^2)=1-4a^2+4a^2=1 \\ \boldsymbol{p}_1\cdot\boldsymbol{p}_2 &= (1-2a^2)(-2ab)+(-2ab)(1-2b^2)+(-2ac)(-2bc) \\ &= -4ab+4ab(a^2+b^2+c^2)=-4ab+4ab=0 \end{aligned}$$

同様にして $|\boldsymbol{p}_2|^2=|\boldsymbol{p}_3|^2=1$, $\boldsymbol{p}_2\cdot\boldsymbol{p}_3=\boldsymbol{p}_3\cdot\boldsymbol{p}_1=0$ も示すことができる．

5.3節　**29**　(1)　$\dfrac{1}{8}\begin{pmatrix} 6\cdot 5^n+2\cdot(-3)^n & 4\cdot 5^n-4\cdot(-3)^n \\ 3\cdot 5^n-3\cdot(-3)^n & 2\cdot 5^n+6\cdot(-3)^n \end{pmatrix}$

(2)　$\dfrac{1}{5}\begin{pmatrix} 6\cdot 2^n-(-3)^n & -2^n+(-3)^n \\ 6\cdot 2^n-6\cdot(-3)^n & -2^n+6\cdot(-3)^n \end{pmatrix}$

(3)　$\begin{pmatrix} 2\cdot 4^n-3^n & 2\cdot 4^n-2\cdot 3^n \\ -4^n+3^n & -4^n+2\cdot 3^n \end{pmatrix}$

30　(1)　楕円 $3u^2+2v^2=5$　(2)　楕円 $u^2+6v^2=16$　(3)　双曲線 $u^2-v^2=2\sqrt{2}$　(4)　楕円 $u^2+9v^2=9$

31　(1)　楕円 $\dfrac{u^2}{\frac{10}{3}}+\dfrac{v^2}{2}=1$，角 $\theta=\dfrac{\pi}{4}$　(2)　楕円 $\dfrac{u^2}{2}+v^2=1$，角 $\theta=\dfrac{\pi}{6}$

(3)　楕円 $\dfrac{u^2}{2}+\dfrac{v^2}{3}=1$，角 $\theta=\dfrac{\pi}{4}$　(4)　楕円 $u^2+\dfrac{v^2}{4}=1$，角 $\theta=\dfrac{\pi}{3}$

32　最大値，最小値の順に示す．(1)　4, 2　(2)　$21+14\sqrt{2}$, $21-14\sqrt{2}$　(3)　4, 1

33 $-1 < a < \dfrac{1}{2}$ (ヒント：$A = \begin{pmatrix} 1 & a & -a \\ a & 1 & a \\ -a & a & 1 \end{pmatrix}$ とおくと A の固有値は $\lambda = 1 + a$ (2 重解), $1 - 2a$. 直交行列 P が存在して

$$ {}^tPAP = \begin{pmatrix} 1+a & 0 & 0 \\ 0 & 1+a & 0 \\ 0 & 0 & 1-2a \end{pmatrix} $$

となる. $\begin{pmatrix} x \\ y \\ z \end{pmatrix} = P \begin{pmatrix} u \\ v \\ w \end{pmatrix}$ とおくと (左辺) $= (1+a)(u^2+v^2) + (1-2a)w^2$ となる.)

34 (1) $2^{n-1}\begin{pmatrix} 2-n & -n \\ n & 2+n \end{pmatrix}$ (ヒント：ハミルトン–ケーリーの定理より,

$$ A^2 - 4A + 4E = O \iff (A-2E)^2 = O $$

$A - 2E = B$ とおくと, $A = 2E + B$ で $B^2 = O$. $BE = EB = B$ より二項定理を用いることができ

$$ A^n = (2E+B)^n = (2E)^n + {}_n\mathrm{C}_1(2E)^{n-1}B = 2^nE + n2^{n-1}B $$

となる.)

(2) 与えられた行列を A とかく. k を 0 以上の整数とすると

$$ n = 3k \text{ のとき,}\quad A^n = E = \begin{pmatrix} 1 & 0 \\ 0 & 1 \end{pmatrix} $$

$$ n = 3k+1 \text{ のとき,}\quad A^n = A = \begin{pmatrix} -2 & -1 \\ 3 & 1 \end{pmatrix} $$

$$ n = 3k+2 \text{ のとき,}\quad A^n = A^2 = \begin{pmatrix} 1 & 1 \\ -3 & -2 \end{pmatrix} $$

(ヒント：ハミルトン–ケーリーの定理より, $A^2 + A + E = O$ が成り立つ. これより, $A^3 - E = (A-E)(A^2+A+E) = O$. よって, $A^3 = E$)

(注意 $A^0 = E$ と定義すると (1)〜(3) のすべての問題が $n = 0$ のときにも成立している.)

(3) 与えられた行列を A とかく. k を 0 以上の整数とすると

$$ n = 4k \text{ のとき,}\quad A^n = E = \begin{pmatrix} 1 & 0 \\ 0 & 1 \end{pmatrix} $$

$$ n = 4k+1 \text{ のとき,}\quad A^n = A = \begin{pmatrix} 2 & -1 \\ 5 & -2 \end{pmatrix} $$

$$ n = 4k+2 \text{ のとき,}\quad A^n = -E = \begin{pmatrix} -1 & 0 \\ 0 & -1 \end{pmatrix} $$

$$n = 4k+3 \text{ のとき}, \quad A^n = -A = \begin{pmatrix} -2 & 1 \\ -5 & 2 \end{pmatrix}$$

(ヒント：ハミルトン–ケーリーの定理より，$A^2 + E = O$．これより，$A^4 = (A^2)^2 = (-E)^2 = E$)

35 (1) $\dfrac{1}{2}\begin{pmatrix} 1+(-1)^n & 1-(-1)^n & 0 \\ 1-(-1)^n & 1+(-1)^n & 0 \\ 0 & 0 & 2^{n+1} \end{pmatrix}$

(2) $\begin{pmatrix} -3^n + 2^{n+1} & 3^n - 2^n & 3^n - 2^n \\ -3^n + 1 & 3^n & 3^n - 1 \\ -3^n + 2^{n+1} - 1 & 3^n - 2^n & 3^n - 2^n + 1 \end{pmatrix}$

36 $x_n = -\dfrac{14}{5} \cdot 2^n + \dfrac{9}{5} \cdot (-3)^n, \quad y_n = -\dfrac{4}{5} \cdot 2^n + \dfrac{9}{5} \cdot (-3)^n$

37 $x_n = 2 \cdot (-1)^n - 1, y_n = 1 - (-1)^n$

(ヒント：与えられた漸化式に，$x_n = u_n + a$，$y_n = v_n + b$ を代入すると

$$\begin{cases} u_{n+1} = u_n + 4v_n + (4b-4) \\ v_{n+1} = 2u_n + 3v_n + (2a+2b) \end{cases}$$

となる．定数項がなくなるように，$4b - 4 = 0, 2a + 2b = 0$ とすると，$a = -1, b = 1$．よって $x_n = u_n - 1, y_n = v_n + 1$．$A = \begin{pmatrix} 1 & 4 \\ 2 & 3 \end{pmatrix}$ とおくと，

$$\begin{pmatrix} u_{n+1} \\ v_{n+1} \end{pmatrix} = A \begin{pmatrix} u_n \\ v_n \end{pmatrix}, \quad \begin{pmatrix} u_0 \\ v_0 \end{pmatrix} = \begin{pmatrix} x_0 + 1 \\ y_0 - 1 \end{pmatrix} = \begin{pmatrix} 2 \\ -1 \end{pmatrix}$$

これより

$$\begin{pmatrix} u_n \\ v_n \end{pmatrix} = A^n \begin{pmatrix} u_0 \\ v_0 \end{pmatrix} = \frac{1}{3}\begin{pmatrix} 5^n + 2\cdot(-1)^n & 2\cdot 5^n - 2\cdot(-1)^n \\ 5^n - (-1)^n & 2\cdot 5^n + (-1)^n \end{pmatrix}\begin{pmatrix} 2 \\ -1 \end{pmatrix}$$

$$= \begin{pmatrix} 2\cdot(-1)^n \\ -(-1)^n \end{pmatrix})$$

38 $a + c > 0, ac - b^2 > 0$

(ヒント：$A = \begin{pmatrix} a & b \\ b & c \end{pmatrix}$ とおく，A の固有方程式は

$$|\lambda E - A| = \lambda^2 - (a+c)\lambda + (ac - b^2) = 0 \quad \cdots ①$$

この2つの実数解を λ_1, λ_2 とおくと，与えられた2次曲線の方程式は標準形 $\lambda_1 u^2 + \lambda_2 v^2 = d$ に変形できる．これが楕円を表すための条件は

$$\lambda_1 > 0 \text{ かつ } \lambda_2 > 0 \iff \lambda_1 + \lambda_2 > 0 \text{ かつ } \lambda_1\lambda_2 > 0$$

2 次方程式の解と係数の関係を用いる.）［**注意**：①の判別式を D とすると $D=(a+c)^2-4(ac-b^2)=(a-c)^2+4b^2 \geqq 0$ となり①は実数解をもつ.］

39 (1) $A=\begin{pmatrix} 0 & 1 \\ 10 & 3 \end{pmatrix}$

(2) $\boldsymbol{u}_n = A^{n-1}\boldsymbol{u}_1$ $(n \geqq 2)$

(3) $x_n = \dfrac{1}{7}\left\{17 \cdot (-2)^{n-1} + 4 \cdot 5^{n-1}\right\}$ $(n \geqq 1)$

執筆者（五十音順）

新《あら》井《い》　達《たつ》也《や》　筑波技術大学准教授

五《い》十《そ》川《がわ》　読《さとる》　熊本高等専門学校教授

上《うえ》松《まつ》　和《かず》弘《ひろ》　鶴岡工業高等専門学校教授

奥《おく》村《むら》　昌《しょう》司《じ》　舞鶴工業高等専門学校教授

友《とも》安《やす》　一《かず》夫《お》　都城工業高等専門学校教授

中《なか》村《むら》　元《げん》　松江工業高等専門学校教授

西《にし》川《かわ》　雅《まさ》堂《たか》　鳥羽商船高等専門学校准教授

濵《はま》田《だ》さやか　熊本高等専門学校准教授

南《みなみ》　貴《たか》之《ゆき》　香川高等専門学校教授

終わりに，次の先生方にはこの本の編集にあたり，有益なご意見や，周到なご校閲をいただいた．深く謝意を表したい．

校閲者（五十音順）

赤池　祐次　呉工業高等専門学校
川崎　雄貴　広島商船高等専門学校
佐野　照和　木更津工業高等専門学校
長尾　秀人　明石工業高等専門学校
松田　一秀　新居浜工業高等専門学校
向江　頼士　都城工業高等専門学校

カバー・表紙デザイン：KIS・小林　哲哉

監修者

河《かわ》東《ひがし》　泰《やす》之《ゆき》　東京大学大学院数理科学研究科教授　Ph.D.

編著者

佐《さ》々《さ》木《き》良《よし》勝《かつ》　近畿大学工学部准教授　博士（数理科学）

鈴《すず》木《き》　香《か》織《おり》　横浜国立大学経営学部准教授
博士（数理科学）

竹《たけ》縄《なわ》　知《とも》之《ゆき》　東京海洋大学学術研究院教授
博士（数理科学）

LIBRARY 工学基礎 & 高専 TEXT＝CKM–E2
線形代数 問題集［第2版］

2013年10月10日 © 初版発行
2022年 2月25日 初版第4刷発行
2022年11月10日 © 第2版発行

監修者 河東泰之　　発行者 矢沢和俊
編著者 佐々木良勝　　印刷者 小宮山恒敏
鈴木香織
竹縄知之

【発行】 株式会社 数理工学社
〒151–0051 東京都渋谷区千駄ヶ谷1丁目3番25号
☎（03）5474–8661（代） サイエンスビル

【発売】 株式会社 サイエンス社
〒151–0051 東京都渋谷区千駄ヶ谷1丁目3番25号
営業☎（03）5474–8500（代） 振替 00170–7–2387
FAX☎（03）5474–8900

印刷・製本 小宮山印刷工業（株）

≪検印省略≫

ISBN978–4–86481–093–7

PRINTED IN JAPAN

サイエンス社・数理工学社の
ホームページのご案内
https://www.saiensu.co.jp
ご意見・ご要望は
suuri@saiensu.co.jp まで.